金融機関のための
農業経営・分析改善アドバイス

税理士・中小企業診断士
安達 長俊 著

一般社団法人 金融財政事情研究会

はしがき

　ガット・ウルグアイ・ラウンドの合意により、農産物貿易が自由化され、その後中国がWTOに加盟し、国内農業の環境は大きく変化することとなった。この間、国は農業の競争力強化、体質強化を目指し種々の支援策をとってきており、企業的経営の農家群も育ちつつある。しかしここで新たにTPPへの参加が検討されることとなり農業を取り巻く環境はさらに大きく変化しようとしている。

　このようななか、農業法人、中核農家では生き残りをかけ、経営の安定と発展強化を目指しさらなる体質強化が求められることとなる。

　本書はこれらの農業経営者、農業関係の指導機関の皆様が経営改善に取り組むのに便利なように、経営分析から経営改善までの手法をマニュアル的に記述し、近年課題となっている損益と資金の一体的な把握方法を目指すものとしてこれを解説している。

　また、農業法人に特化した財務指標を採用し、損益分岐点分析と収支分岐点分析の一体化を試み、さらに作目別付加価値分析をふまえ経営改善に向けた具体的な切り口と改善会議の進め方にも論及している。

　本書が農業経営者、農業関係の指導機関、金融機関の皆様に少しでもお役に立てば幸いである。

　最後に本書執筆にあたり、快く決算データの使用を承諾していただいた農業法人の方、資料づくりに協力をいただいた関係者の皆様に心より感謝申しあげたい。

平成25年8月

　　　　　　　　　　　　　　　　　　　　　　　　　　安達　長俊

著者略歴

安達　長俊（あだち　ながとし）
昭和21年3月4日生まれ。
慶應義塾大学法学部卒。
銀行、商社勤務を経て安達税務経営事務所開業。
平成24年7月に税理士法人富山合同会計（富山県高岡市五福町6－13）を開設。
税理士、中小企業診断士、富山県農業会議法人化コンサルタント、全国農業経営コンサルタント協会理事、日本政策金融公庫農業経営アドバイザー試験委員。
農業法人の設立・指導、社会福祉法人・学校法人の設立・指導、企業の税務会計指導をおもな業務としている。
おもな著書に『稲作農業経営改善100のポイント』（全国農業会議所）、『農業ビジネス参入・経営ガイドブック』（清文社）、『農業経営診断分析のポイント』（全国農業経営コンサルタント協会）がある。

目　次

第Ⅰ部
経営分析

第1章　経営分析とは
1　経営分析の概要 …………………………………… 4
2　貸借対照表とは …………………………………… 6
3　損益計算書とは …………………………………… 8
4　製造原価報告書とは ……………………………… 10
5　公表されている経営指標 ………………………… 12
6　農業分野の経営指標 ……………………………… 14

第2章　農業法人の経営分析
1　収益性分析 ………………………………………… 18
2　安全性分析 ………………………………………… 22
3　成長性分析 ………………………………………… 24
4　利益増減分析 ……………………………………… 26

第3章　キャッシュフロー分析
1　損益と資金の一体的把握 ………………………… 30
2　キャッシュフロー計算書とは …………………… 32
3　キャッシュフロー計算書の区分 ………………… 34
4　キャッシュフロー計算書の作成手順 …………… 36
5　キャッシュフロー計算書の読み取り方 ………… 38

第4章　損益分岐点分析
1　損益分岐点分析とは ……………………………… 42
2　変動費と固定費の区分 …………………………… 44
3　税負担を考慮した分析 …………………………… 46
4　損益分岐点の位置 ………………………………… 48

第5章　損益分岐点分析と収支分岐点分析一体化の試み
 1　収支分岐点分析とは……………………………………………………52
 2　収支分岐点分析の算式の分解と簡略化………………………………54
 3　損益分岐点分析と収支分岐点分析の一体化…………………………56
 4　収支分岐点の「逃げ水」現象…………………………………………58

第6章　倒産分岐点分析へのアプローチ
 1　損益と資金の一体的把握………………………………………………62
 2　倒産分岐点分析とは……………………………………………………64
 3　簡略な設例による概要把握……………………………………………66

第Ⅱ部
経営改善の進め方

第1章　作目別付加価値分析の実施
 1　交付金等の組換え………………………………………………………72
 2　変動費と固定費の区分…………………………………………………74
 3　作目別展開………………………………………………………………76
 4　作目別付加価値の判定…………………………………………………78
 5　作目別時間単価の算出…………………………………………………80
 6　生産工程別付加価値分析………………………………………………82

第2章　非財務的切り口による改善策の模索
 1　改善へのエネルギー……………………………………………………86
 2　人、物、金、情報………………………………………………………88
 3　生産力、販売力、企画力………………………………………………90
 4　コンセプト、ターゲット、ルート、ツール…………………………92
 5　現地、現場、現物主義…………………………………………………94
 6　いつ、どこで、だれが、何を、なぜ、どうするか…………………96
 7　天、地、人、法、道……………………………………………………98
 8　PLAN、DO、SEE……………………………………………………100

第3章　診断会議の進め方
1　経営改善の困難性 …………………………………… 104
2　診断の日程 …………………………………………… 106
3　チームの結成と事前準備 …………………………… 108
4　診断会議　第1回目 ………………………………… 110
5　診断会議　第2回目 ………………………………… 112
6　診断会議　第3回目 ………………………………… 114
7　診断会議　第4回目（最終回） …………………… 116

第4章　改善事例あれこれ
1　コスト削減策 ………………………………………… 120
2　収入拡大策 …………………………………………… 130
3　多角化策（六次産業化策） ………………………… 136
4　販売促進意外なポイント …………………………… 146

参考文献 …………………………………………………… 152

「コラム」
経営分析における準備金の扱い ………………………… 21
バザールの米は1kg200円 ………………………………… 80
タイの農家は「稲刈り」をしない ……………………… 94
中国の田植は「出たとこ勝負」 ………………………… 100
松本平は12俵 ……………………………………………… 130
野生の稲は5m ……………………………………………… 132
トルコ国民の半数が農家 ………………………………… 138

第Ⅰ部 経営分析

第1章
経営分析とは

1 経営分析の概要

(1) 経営分析の意義
　経営分析とは貸借対照表、損益計算書、株主資本等移動計算書などの財務諸表を入手し、これらを分析することによって収益性、安全性、成長性、生産性といった企業の経営内容を的確に把握し、これからの企業経営に役立てようとするものである。経営分析はまた財務分析とも称されている。

(2) 経営分析の種類
　経営分析はその担い手により、外部分析と内部分析に分けることができる。外部分析とは企業の外部の者が外部の利害関係者として入手可能な情報をもとに分析することであり、内部分析とは企業内部の者が自社の詳細なデータをも利用して、経営内容を分析することである。

　また、経営分析はその分析目的から信用分析、投資分析、税務分析、監査分析、経営管理分析に区分することができる。その分析指標は60種類以上あるが分析目的により適宜選択して採用されている。

　分析内容からは収益性分析、安全性分析、成長性分析、生産性分析に分類される。

　経営分析手法は金融機関が融資対象となる企業の信用調査を目的として開発されたものだが、その後各企業が、自社の経営管理にも役立てようと利用してきた。

(3) 経営分析の方法
　具体的に経営分析を進める方法として、比率分析と実数分析がある。比率分析では財務諸表の各部分について関係比率、構成比率、趨勢比率を求める。実数分析では財務諸表の各部分の実数をそのまま比較する。

(4) 財務諸表の入手
　経営分析に着手するには貸借対照表、損益計算書などの財務諸表の入手が欠かせない。また、これに付随して従業員数、労働時間数などの情報も必要となる。財務諸表の入手自体が困難な場合や、一部資料が欠けている場合もあるが、入念に説得して入手し、分析を進めなければならない。

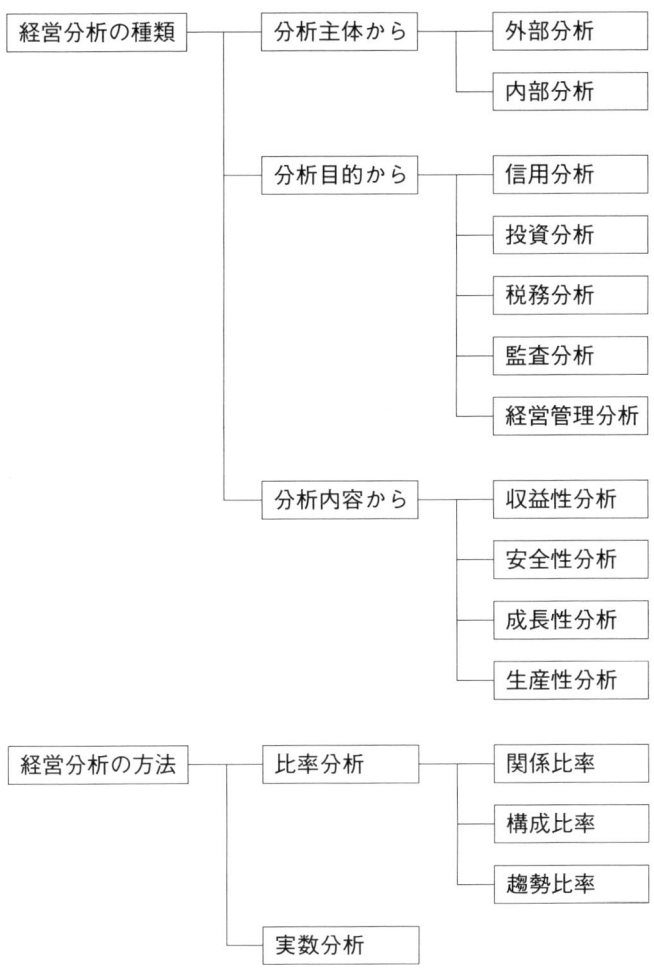

(出典) 渋谷武夫『経営分析の考え方・すすめ方』5頁（中央経済社）

2　貸借対照表とは

(1) 貸借対照表の意義

　貸借対照表とは企業の一定時点における資産・負債及資本を示した一覧表で企業の財政状態を明らかにするものである。貸借対照表の作成原則に区分表示の原則と流動性配列の原則がある。

(2) 作成の原則

　① 区分表示の原則

　貸借対照表は、資産の部、負債の部、純資産の部に区分されている。資産の部は流動資産、固定資産に区分し、負債の部は流動負債、固定負債に区分する。

　このうち資産は損益計算との関連からみた場合、現金・預金、売掛金などの貨幣性資産と原材料、仕掛品、建物、構築物、機械装置などの費用性資産からなる。

　② 流動性配列の原則

　資産・負債の各項目は資金として流動性の高いものから順に配列することが求められる。流動資産の配列が現金・預金、売掛金、原材料の順になっているのもこの流動性配列の原則に従っている。

(3) 貸借対照表のもう一つの役割

　貸借対照表の負債の部及び資本の部は、資金の調達内容を示すものであり、資産の部は稼得した資金をどのようなかたちで運用しているかを示している。すなわち貸借対照表は資金の調達内容と運用内容を示すものである。

　負債の部は銀行からの借入金や取引先からの買掛金というかたちでの資金の調達を示している。資本の部は資本金と別途積立金や繰越利益剰余金など過去に稼得した資金のうちの内部留保額を表している。

　つまり、当期中の資金の異動は期首と期末の貸借対照表の科目ごとの残高の異動内容となる。

次頁の法人の場合

　次頁の法人の場合総資産は187,709千円である。このうち流動資産は158,722千円であり、固定資産は28,987千円である。負債の部は149,784千円であり資本の部は37,925千円である。

　流動資産の大部分は現金・預金で128,733千円となっている。

　負債の部には農業経営基盤強化準備金が107,063千円計上されている。会計理論的には資本の部に計上するのが原則であるが、実務的には負債の部に計上されていることも多い。

[貸借対照表]

(単位:千円)

項目			No	前年度末	当年度末	項目		No	前年度末	当年度末
資産	流動資産	当座資産				流動負債	預り金	19	4,467	4,387
		現金・預金	1	126,734	128,733		未払消費税等	20	1,554	1,950
		売掛金	2	590	13,842		未払法人税	21	382	820
		計	3	127,324	142,575		計	22	6,403	7,157
		原材料	4	2,027	1,556	固定負債	長期借入金	23	46,066	35,564
		仕掛品	5	1,565	2,479		農業経営基盤強化準備金	24	89,847	107,063
		営農仮払金	6	6,270	5,893		計	25	135,913	142,627
		短期貸付金	7	5,937	2,736	負債及び資本	負債計	26	142,316	149,784
		未収入金	8	183	3,483		資本金	27	4,000	4,000
		計	9	143,306	158,722		利益準備金	28	0	800
	固定資産	有形固定資産				資本	別途積立金	29	20,000	20,000
		建物	10	16,653	17,274		繰越利益剰余金	30	13,574	13,125
		構築物	11	1,241	1,033		計	31	37,574	37,925
		機械装置	12	10,075	6,459					
		車両運搬具	13	8,488	4,129					
		工具器具備品	14	97	62					
		計	15	36,554	28,957					
		投資等	16	30	30					
		計	17	36,584	28,987					
		計	18	179,890	187,709		計	32	179,890	187,709

3　損益計算書とは

(1) 損益計算書の意義

損益計算書とは一定期間における企業の経営成績を明らかにするものであり、一定期間におけるすべての収益とこれに対応するすべての費用を記載して当期純利益を表示する。

(2) 作成の原則

損益計算書の作成原則には総額主義の原則と区分表示の原則がある。総額主義の原則は収益の発生と費用の発生を総額で表示し、相殺表示を禁止するものである。区分表示の原則は、売上高に対応する売上原価、営業外収益に対応する営業外費用とその区分を対応させて表示することを求めるものである。

(3) 損益計算書の項目

① 売上高と売上原価

売上高は、企業の収益の根幹をなすものであり、売上原価は仕入高と当期製品製造原価がその構成項目となる。売上高から売上原価を控除して売上総利益を算出する。

種苗費、肥料費、農薬費などの費用科目は当期製品製造原価の内訳科目となる。

② 販売費及び一般管理費

販売費及び一般管理費の項目には役員報酬や福利厚生費、広告宣伝費などの科目が含まれる。

③ 営業外収益と営業外費用

営業外収益と営業外費用は、企業の本来の事業活動ではないがこれに付随した取引を計上する項目である。受取利息、支払利息などの科目がある。

④ 特別損益及び特殊な費用としての法人税等

特別損益は、臨時的な損益や前期損益修正額など期間損益から外れた項目について計上する。

法人税等は、企業の利益に課される国家財政の負担額という意味があり特殊な費用とされる。

> **次頁の法人の場合**
>
> 売上高が183,553千円で、売上原価が163,093千円、売上総利益が20,460千円である。ここから販売費及び一般管理費46,198千円を控除して営業利益は－25,738千円と赤字である。国からの交付金等の営業外収益が66,836千円あり、経常利益は40,435千円の黒字となっている。農業経営基盤強化準備金の取崩額と繰入額は特別損益項目で処理されている。

[損益計算書]

(単位：千円)

科目			No	前年度	当年度
営業損益	売上高	農産物売上高	33	133,409	160,917
		作業受託売上高	34	24,802	22,636
		計	35	158,211	**183,553**
	売上原価	仕入高	36	855	7,869
		当期製品製造原価	37	148,072	155,224
		売上原価	38	148,927	**163,093**
		売上総利益	39	9,284	**20,460**
	販売費及び一般管理費	役員報酬	40	31,500	32,400
		福利厚生費	41	725	597
		保険衛生費	42	2,059	2,430
		通信費	43	256	346
		荷造運賃	44	1	958
		旅費交通費	45	15	8
		広告宣伝費	46	0	31
		交際接待費	47	439	175
		研修費	48	479	317
		事務用品費	49	346	297
		新聞図書費	50	43	35
		租税公課	51	5,132	4,962
		諸会費	52	110	348
		支払手数料	53	1,146	1,675
		雑費	54	1,554	1,619
		計	55	43,805	**46,198**
		営業利益	56	−34,521	**−25,738**
営業外損益	営業外収益	受取利息	57	25	17
		受取配当金	58	34	128
		交付金・価格補填交付金	59	16,364	22,159
		交付金・作付助成交付金	60	39,917	36,796
		受取共済金	61	3,053	1,276
		雑収入	62	4,431	6,460
		計	63	63,824	**66,836**
	営業外費用	支払利息	64	791	663
		その他の営業外費用	65	611	0
		計	66	1,402	663
		営業外損益計	67	62,422	66,173
		経常利益	68	27,901	40,435
特別損益	特別利益	交付金・建設補助金	69	0	4,866
		経営基盤強化準備金取崩額	70	1,170	**19,284**
		固定資産売却益	71	927	0
		計	72	2,097	24,150
	特別損失	**経営基盤強化準備金繰入額**	73	25,000	**36,500**
		固定資産圧縮損	74	1,320	22,584
		計	75	26,320	59,084
		特別損益計	76	−24,223	−34,934
		税引前当期利益	77	3,678	5,501
		法人税及び住民税	78	1,100	1,150
		当期利益	79	2,578	4,351
		前期繰越利益	80	10,996	8,774
		当期剰余金	81	13,574	13,125

4　製造原価報告書とは

(1) 製造原価報告書の意義

製造原価報告書とは損益計算書の売上原価の内訳であり、一会計期間において製造した製品の製造原価を明らかにするものである。

農業における生産物は製品とはいわないが、財務諸表としての名称は他の製造業の場合と同様に製造原価報告書の名称を使う。

(2) 農業簿記の特徴

製造原価報告書はその内訳項目として、材料費、労務費、製造経費の三つに区分されている。しかし、農業簿記の原価項目の特殊性から材料費については材料費の一項目ではなく、種苗費・素畜費・肥料費・飼料費・農薬費・諸材料費などに細分化している。

① 種　苗　費

種モミ・種いも・苗などの購入費用である。自家採取した種については棚卸資産に計上のうえ翌年度の種苗費として計上する。

② 素　畜　費

素畜の購入費用・種付けの費用を計上する。子牛・子豚の購入代金のほか、買入れに要した運賃や手数料なども含める。

③ 肥　料　費

硫安・石灰窒素・過燐酸石灰などの肥料の購入費用である。油粕や魚粉などの有機肥料もこの科目に計上する。

④ 飼　料　費

配合飼料・牧草・わらなどの購入費用を計上する。一般飼料のほか塩やカルシウムなども含む。

⑤ 農　薬　費

殺菌剤・殺虫剤などの農薬の購入費用を計上する。防除の委託費もこの科目に計上する。

⑥ 諸材料費

農産物の生産に係るビニール・パイプ等、資材の購入費用を計上する。

これらの資材の購入高のうち期末にまとまって残っているものについては期末棚卸高として費用から控除する。

次頁の法人の場合

種苗費・肥料費・農薬費などの材料費が34,618千円、労務費が48,620千円、製造経費が72,900千円で合計が156,138千円である。これに仕掛品の増加額を減算して当期製品製造原価は155,224千円となっている。

次頁の法人は稲作中心の法人であり、素畜費・飼料費の科目はない。

[製造原価報告書] (単位:千円)

科目		No	前年度	当年度
材料費	期首原材料棚卸高	82	2,385	2,027
	種苗費	83	1,580	2,470
	肥料費	84	16,173	13,009
	農薬費	85	10,462	13,692
	諸材料費	86	4,747	4,976
	期末原材料棚卸高	87	2,027	1,556
	計	88	33,320	**34,618**
労務費	賃金手当	89	40,807	39,666
	法定福利費	90	8,313	8,954
	計	91	49,120	**48,620**
製造経費	作業委託費	92	5,548	7,862
	動力光熱費	93	8,545	10,051
	農具費	94	2,103	1,919
	修繕費	95	9,518	12,222
	共済掛金	96	1,501	2,553
	賃借料	97	7,555	5,765
	支払地代	98	20,618	22,679
	作業用衣料費	99	484	531
	減価償却費	100	10,062	9,318
	計	101	65,934	**72,900**
	計	102	148,374	**156,138**
	期首仕掛品棚卸高	103	1,263	1,565
	期末仕掛品棚卸高	104	1,565	2,479
当期製品製造原価		105	148,072	**155,224**

5 公表されている経営指標

(1) 比較対象とする経営指標

経営分析の結果を自社の経営に生かすには、同一規模の同業他社や業界全体との比較が必要となる。比較対象とする経営指標として代表的なものとして中小企業実態基本調査に基づく経営・原価指標や建設業経営事項審査基準の指標がある。また、ごく一部ではあるが金融機関が行っている経営指標で公表されているものもある。

農業分野では公表されている指標は少ないが、日本政策金融公庫農林水産事業の経営指標が有用である。

(2) 経営指標の種類

① 中小企業実態基本調査に基づく経営指標

中小企業実態基本調査に基づく経営指標では、業種が建設業、製造業、情報通信業、運輸業、卸・小売業など10業種に区分されている。製造業はさらに食料品製造業など24の業種に細分化されている。しかしこの経営指標には農業分野の指標はない。

② 建設業の経営指標

建設業の経営指標は、建設業の経営の健全性と公共事業の入札の透明性を目指して行われている。昭和25年から継続的に実施されており、その指標は絶対的な点数に置き換えられている。企業としての体力を総合的に判定するために財務指標に加え、年間の工事高や技術職員数、工事の安全成績なども判定の項目に加えられている。また、公共事業の指名業者名と点数が公表されている。

③ 金融機関の経営指標

金融機関は、融資対象企業の財務内容を分析するためにそれぞれ独自の指標を採用している。その項目とウェイトづけについては原則非公開であるが一部その項目が公開されている。償還能力を重視した指標を組み入れるなど、金融機関の融資の保全面が強く現れている。

④ 日本政策金融公庫農林水産事業の経営指標

農業分野の経営分析や経営改善に取り組もうとする場合、分析項目や比較対象とする分析数値を見つけ出すのに苦労する。

そのなかで、日本政策金融公庫農林水産事業の指標は代表的なもので有用である。

この指標については次項で説明する。

[財務分析の各指標]

同友館	建設業振興協会	市中金融機関
中小企業実態基本調査に基づく経営・原価指標	建設業経営事項審査 経営状況の評点	経営指標
(収益性分析) ① 総資本営業利益率 ② 総資本経常利益率 ③ 総資本当期純利益率 ④ 自己資本当期純利益率 ⑤ 売上高総利益率 ⑥ 売上高営業利益率 ⑦ 売上高経常利益率 ⑧ 売上高当期純利益率 ⑨ 売上高対労務費比率 ⑩ 売上高対販売費・管理費比率 ⑪ 売上高対賃金手当比率 ⑫ 売上高対支払割引料比率 ⑬ 総資本回転率 ⑭ 固定資産回転率 ⑮ 有形固定資産回転率 ⑯ 売上債権回転期間 ⑰ 棚卸資産回転期間 ⑱ 買入債務回転期間 (安全性分析) ① 流動比率 ② 当座比率 ③ 固定長期適合率 ④ 固定比率 ⑤ 借入金月商倍率 ⑥ 借入金依存率 ⑦ 自己資本比率 ⑧ 財務レバレッジ ⑨ 負債比率 (生産性分析) ① 1人当り付加価値額 ② 付加価値比率 ③ 1人当り機械装備額 ④ 1人当り売上高 ⑤ 1人当り労務費・賃金手当 ⑥ 労働分配率 ⑦ 1人当り総利益額 ⑧ 1人当り有形固定資産額 ⑨ 有形固定資産投資効率 ⑩ 交差比率	(収益性) ① 売上高営業利益率 ② 総資本経常利益率 ③ キャッシュフロー対売上高比率 (流動性) ① 必要運転資本月商倍率 ② 立替工事高比率 ③ 受取勘定月商倍率 (安定性) ① 自己資本比率 ② 有利子負債月商倍率 ③ 純支払利息比率 (健全性) ① 自己資本対固定資産比率 ② 長期固定適合比率 ③ 付加価値対固定資産比率	(収益性) ① 総資本経常利益率 ② 自己資本経常利益率 ③ ROA ④ 自己資本当期純利益率 ⑤ 売上高総利益率 ⑥ 売上高営業利益率 ⑦ 売上高経常利益率 ⑧ 売上高当期純利益率 ⑨ 総資本回転率 ⑩ 固定資産回転率 ⑪ 棚卸資産回転期間 ⑫ 売上債権回転期間 ⑬ 買入債務回転期間 ⑭ 売上高材料比率 ⑮ 売上高賃金手当 ⑯ 売上高支払利息率 ⑰ 売上高キャッシュフロー比率 ⑱ 売上高借入金残高比率 (安全性) ① 当座比率 ② 流動比率 ③ 固定比率 ④ 固定長期適合率 ⑤ 自己資本比率 ⑥ 負債比率 ⑦ 経営安全率 ⑧ 経常収支比率 ⑨ 借入金依存度 ⑩ 借入金支払利息率 (償還能力) ① キャッシュフロー ② 債務償還年数 ③ インタレスト・カバレッジ・レシオ (成長性) ① 売上高増加率 ② 経常利益増加率 (損益分岐) ① 損益分岐点売上高 ② 損益分岐点比率 ③ 限界利益率 (生産性) ① 付加価値 ② 労働分配率

(出典) 建設業法研究会編著『建設業経営事項審査基準の解説』(大成出版社)、同友館編集部編著『中小企業実態基本調査に基づく経営・原価指標』(同友館)、日本政策金融公庫農林水産事業「農業経営動向分析結果」(日本政策金融公庫農林水産事業) より作成。

6　農業分野の経営指標

(1)　日本政策金融公庫農林水産事業の財務指標

　自社の経営分析指標と比較する指標としては、日本政策金融公庫農林水産事業の財務指標が最も有用である。これは、「農業経営動向分析結果」として毎年公表されている。

　本指標では農業を、稲作、北海道畑作、果樹、露地野菜、施設野菜、施設花卉、茶、きのこ、酪農、肉用牛肥育、養豚一貫、採卵鶏、ブロイラーの13業種に区分しており、さらにこれを地域別、規模別に区分して集計している。

　稲作では「全国」の指標と「東北」、「北陸」、「中国・四国」などの地域別と、「20ha未満」、「20〜30」、「30〜40」、「40ha以上」という規模別に区分している。

　酪農や肉用牛肥育では「飼育頭数別」に区分されている。

　本項では、この日本政策金融公庫農林水産事業で採用している財務指標に沿って説明する。

(2)　中央農研の指標

　独立法人　農業・食品産業技術総合研究機構中央農業総合研究センターでは、農業法人における標準財務指標を公表している。これは先に述べた日本政策金融公庫農林水産事業の財務指標を、許可を得て公表しているが、その基礎となるデータは同じものである。

　指標の数については日本政策金融公庫農林水産事業のものを一部割愛したものである。その一方で「低位」、「やや低位」、「中位」、「やや高位」、「高位」と業績の程度ごとに区分して集計している。

(3)　農林水産省の指標

　農林水産省では、認定農家などに「農業経営者を客観的に評価する指標」として「取組指標」、「技術指標」とともに「財務指標」を採用している。しかしここで採用されている財務指標は売上高借入金比率など5項目にとどまっている。

　また、これは必要とされる経営審査のための情報として採用しているので、統計をとり公表することを目的としていない。

[農業分野の経営指標]

日本政策金融公庫農林水産事業	中央農研	農林水産省
農業における財務指標	農業法人における財務指標	経営改善に向けた財務指標
部門数　　13部門	部門数　　13部門	部門数　　未定
(収益性) ① 総資本経常利益率 ② 自己資本経常利益率 ③ ROA ④ 自己資本当期純利益率 ⑤ 売上高総利益率 ⑥ 売上高営業利益率 ⑦ 売上高経常利益率 ⑧ 売上高当期純利益率 ⑨ 総資本回転率 ⑩ 固定資産回転率 ⑪ 棚卸資産回転期間 ⑫ 売上債権回転期間 ⑬ 買入債務回転期間 ⑭ 売上高材料比率 ⑮ 売上高賃金手当率 ⑯ 売上高支払利息率 ⑰ 売上高キャッシュフロー比率 ⑱ 売上高借入金残高比率 (安全性) ① 当座比率 ② 流動比率 ③ 固定比率 ④ 固定長期適合率 ⑤ 自己資本比率 ⑥ 負債比率 ⑦ 経営安全率 ⑧ 経常収支比率 ⑨ 借入金依存度 ⑩ 借入金支払利息率 (償還能力) ① キャッシュフロー ② 債務償還年数 ③ インタレスト・カバレッジ・レシオ (成長性) ① 売上高増加率 ② 経常利益増加率 (損益分岐) ① 損益分岐点売上高 ② 損益分岐点比率 ③ 限界利益率 (生産性) ① 付加価値 ② 労働分配率	(収益性) ① 総資本経常利益率 ② 売上高経常利益率 (効率性) ① 総資本回転率 (財務安全性) ① 当座比率 ② 流動比率 ③ 固定長期適合比率 ④ 自己資本比率 ⑤ 修正自己資本比率 ⑥ 借入金支払利息率 ⑦ 売上高キャッシュフロー比率	(財務指標) ① 売上高借入金比率 ② 生産単位当り借入金 ③ 生産単位当り農業用固定資産 ④ 自己資本比率 ⑤ 売上高現預金比率

第2章
農業法人の経営分析

1 収益性分析

(1) 総合指標

① 総資本経常利益率

$$\frac{経常利益}{総資本} \times 100$$

企業の収益性を総合的に判定する最も代表的な指標である。投下した総資本がどれだけ経常利益をあげたかを示す比率で、高いほどよい。

この比率は（売上高÷総資本）×（経常利益÷売上高）に分解することができる。これは、総資本経常利益率が総資本の回転率と売上高の経常利益率の双方に影響されることを意味している。

(2) 利 益 率

① 売上高総利益率

$$\frac{売上総利益}{売上高} \times 100$$

売上に対する総利益の割合を示し、高いほどよい。売上総利益は売上高から売上原価を引いて算出されるが、農業の場合は製造原価に相当する種苗費、肥料費、農薬費、諸材料費、労務費等からなる製造原価を控除した後の利益になる。投下した直接的な費用と売上高の割合をみることができる。

② 売上高営業利益率

$$\frac{営業利益}{売上高} \times 100$$

売上高に対する営業利益の割合、つまり営業活動で得た利益の状況を示す比率で、高いほどよい。

③ 売上高経常利益率

$$\frac{経常利益}{売上高} \times 100$$

売上高に対する経常利益の割合、つまり通常の経営活動で得た利益の状況を示す比率で、高いほどよい。

[収益性分析の指標]

項目			No	算式	当社値 （％）	比較対象値 大規模稲作 （％）
収益性	総合指標	総資本経常利益率	$\frac{68}{18}$	$\frac{40,435}{187,709}$	21.5	10.1
	利益率	売上高総利益率	$\frac{39}{35}$	$\frac{20,460}{183,553}$	11.1	24.8
		売上高営業利益率	$\frac{56}{35}$	$\frac{-25,738}{183,553}$	－14.0	－12.0
		売上高経常利益率	$\frac{68}{35}$	$\frac{40,435}{183,553}$	22.0	11.6
		売上高当期純利益率	$\frac{79}{35}$	$\frac{4,351}{183,553}$	2.4	3.0
	回転率	総資本回転率	$\frac{35}{18}$	$\frac{183,553}{187,709}$	1.0	0.9
		固定資産回転率	$\frac{35}{17}$	$\frac{183,553}{28,987}$	6.3	1.6

④ 売上高当期純利益率

$$\frac{当期純利益}{売上高} \times 100$$

売上高に対する当期純利益の割合をみるもので高いほどよい。当期純利益はすべての収益費用項目を含み、最終的に企業に残された利益である。当期純利益は税引前と税引後の両方考えられるが、税引後純利益とする。

ただし農業の場合、農業経営基盤強化準備金の繰入額や戻入額が特別損益の部に計上されていることがあるので注意しなければならない。

(3) 回 転 率

① 総資本回転率

$$\frac{売上高}{総資本}$$

総資本と売上高の割合をみるもので、経営に投入されている資本の運用効率を示す。回数で表し高いほどよい。

総資本回転率は総資本経常利益率をあげるための一方の重要な要素であるが、もう一方の要素である売上高経常利益率に比べてその重要性の認識が低くなりがちである。改善すべき経営指標の重点とすべきである。

② 固定資産回転率

$$\frac{売上高}{固定資産}$$

固定資産と売上高の割合をみるもので、経営に投入されている固定資産の運用効率を示す。回数で表し、高いほどよい。

|コラム|

経営分析における準備金の扱い

　農業経営基盤強化準備金は農業経営にとって大変強力な税務支援策となっている。一定の要件のもと、当期の利益を限度として将来の農業投資に備えて準備金を積むことを認めるものである。

　この準備金は、損金経理の方法で積む方法と剰余金の処分の方法で積む方法の二つの方法が認められている。実務的には前者の損金経理で計上する方法をとっているものが多い。

　このように準備金の処理方法が異なっていることから、経営分析しこれを同業他社と比較する場合において、この準備金がどちらの方法でなされているか確認しなければならない。

　企業外部の者が分析する場合、決算書そのものを訂正することはできないが、そのことも勘案して総合評価をすべきである。

2 安全性分析

① 当座比率

$$\frac{\text{現金預金}+\text{受取手形}+\text{売掛金}+\text{有価証券}}{\text{流動負債}}\times 100$$

流動資産のうち、さらに流動性の高い当座資産と流動負債の割合を示す比率で高いほどよい。

② 流動比率

$$\frac{\text{流動資産}}{\text{流動負債}}\times 100$$

流動資産と流動負債を比較する比率で、高いほど短期的な支払能力が高いことを示す。

③ 固定長期適合率

$$\frac{\text{固定資産}}{\text{自己資本}+\text{長期借入金}}\times 100$$

固定資産という設備に対してその資金調達内容を問うものである。固定資産が安定的な資金でまかなわれているかどうかを示す。

④ 自己資本比率

$$\frac{\text{自己資本}}{\text{総資本}}\times 100$$

総資本に占める自己資本の割合を示す比率で高いほどよい。日本企業、とりわけ中小企業の自己資本比率の低さが問題となっている。

⑤ 売上高借入金比率

$$\frac{\text{借入金}}{\text{売上高}}\times 100$$

売上高に対する借入金の割合を示す比率で小さいほどよい。この割合を月数に置き換えたものが売上高借入金月数として示されるが、事業規模と借入金総額のバランスをみるのによい。資金状況について企業側に訴える大変わかりやすく説得力のある指標である。

[安全性分析の指標]

項目		No	算式	当社値 （％）	比較対象値 大規模稲作 （％）
安全性	当座比率	$\frac{3}{22}$	$\frac{142,575}{7,157}$	1,992.1	230.7
	流動比率	$\frac{9}{22}$	$\frac{158,722}{7,157}$	2,217.7	318.3
	固定長期適合率	$\frac{17}{25+31}$	$\frac{28,987}{180,552}$	16.1	64.1
	自己資本比率	$\frac{31}{18}$	$\frac{37,925}{187,709}$	20.2	26.6
	売上高借入金比率	$\frac{23}{35}$	$\frac{35,564}{183,553}$	19.4	48.9

3　成長性分析

① 売上高増加率

$$\frac{当年度売上高増加額}{前年度売上高} \times 100$$

売上高の増加割合をみる。企業の成長性をみるための単純で明快な比率である。収益力、資金力に加えて企業の成長を予測するとわかりやすい。

② 経常利益増加率

$$\frac{当年度経常利益増加額}{前年度経常利益} \times 100$$

経常利益の増加割合をみる。利益の増加は企業経営の重要な目的であり、企業の成長性をみるのに欠かせない指標である。

次頁の法人の評価

　収益性の総合指標となる総資本経常利益率は21.5％と比較対象値である大規模稲作農家（40ha以上）の10.1％を大幅に上回っていてよい。これは、売上高経常利益率と総資本回転率の双方が比較対象値を上回っているからである。しかし、売上高営業利益率はマイナスであり、国からの交付金等に頼っている姿が読み取れる。

　安全性の比率である当座比率と流動比率はそれぞれ1,992.1％、2,217.7％となっておりきわめて高い。

　自己資本比率は20.2％となっているが、農業経営基盤強化準備金が負債の部に計上されており、これを資本の部に振り替えて計算すると自己資本比率は77.2％となる。農業法人の経営分析においては財務諸表の内容をみて、個別的に判定せざるをえない面がある。

[成長性分析の指標]

項　目		No	算　式	当社値 （％）	比較対象値 大規模稲作 （％）
成長性	売上高増加率	$\dfrac{35\,(当-前)}{35\,(前)}$	$\dfrac{25,342}{158,211}$	16.0	－7.0
	経常利益増加率	$\dfrac{68\,(当-前)}{68\,(前)}$	$\dfrac{12,534}{27,901}$	44.9	－4.8

4　利益増減分析

(1)　利益増減分析の意義
　売上高や仕入高は必ず数量×単価で表される。利益増減分析は、売上高や仕入高が増減した場合に、数量の増減によるものか単価の増減によるものか、その原因を明らかにする方法である。原因を明らかにしたうえでその改善策を模索する。

(2)　算　　式
　売上高は、売上数量×単価として表される。前年度の売上高も当年度の売上高もこの算式で表示されることを利用し、要素別に差異額を算出するものである。
　このことを図式で表すとわかりやすい。縦軸に数量をとり、横軸に単価をとると売上高はその面積になる。数量差異部分と単価差異部分の額が算出されることがわかる。

> 数量差異額＝（当年度数量－前年度数量）×前年度単価
> 単価差異額＝（当年度単価－前年度単価）×当年度数量

(3)　さらなる分析
　ここで算出された数量差異を、さらに面積差異と単位面積当りの収穫量の差異のいずれに起因するかを分析することができる。

> 面積差異量＝（当年度面積－前年度面積）×前年度反収
> 反収差異量＝（当年度反収－前年度反収）×当年度面積

(4)　利益増減分析の応用
　本手法は統計数値が数量と単価など、その構成要因も含めて開示されている場合、これを応用して分析することができる。

次頁の法人の評価

　当年度の米の売上高は152,979千円であり、前年度より21,102千円増加している。この増加額のうち数量差異額が9,419千円、単価差異額が11,683千円となっており、合わせて21,102千円の増加となっている。数量、単価の双方が増加要因となっているが、単価差異額のほうが大きいことがわかる。
　次にこの内訳としての収穫量の差異分析を試みる。当年度の収穫量は10,320俵であり、前年度より688俵増加している。このうち面積の増加によるものが423俵、単収の増加によるものが265俵であった。面積の増加による影響額が大きいことがわかる。

[利益増減分析]

売上高の数量差異、単価差異の算出

	前年度	当年度	差　引	差異額	
米の売上高（千円）	131,877	152,979	−	21,102	

	前年度	当年度	差　引	差異額	
数量（俵）	9,632	10,320	688	9,419	数量差異額
単価（円）	13,691	14,823	1,132	11,683	単価差異額
				21,102	

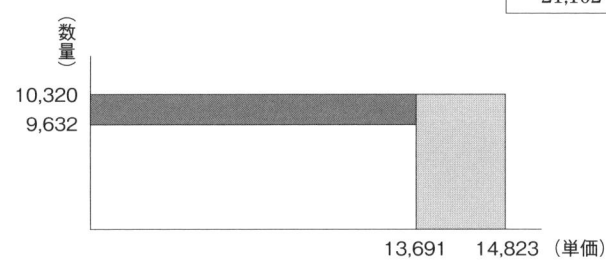

（数量）
10,320
9,632

13,691　14,823　（単価）

収穫数量の面積差異、反収差異の算出

	前年度	当年度	差　引	差異額	
数量（俵）	9,632	10,320	−	688	

	前年度	当年度	差　引	差異額	
面積（ha）	113.8	118.8	5.0	423	面積差異量
反収（俵／10a）	8.46	8.69	0.22	265	反収差異量
				688	

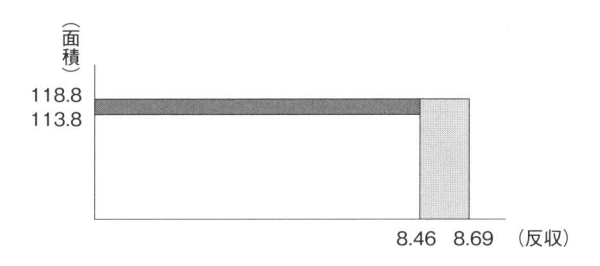

（面積）
118.8
113.8

8.46　8.69　（反収）

第3章
キャッシュフロー分析

1　損益と資金の一体的把握

(1)　損益中心主義からの脱却

　バブル経済の崩壊から未曾有の大不況を経験し、企業経営に対する考え方、財務体質の見方、資金状況に関する取組み方が大きく変化した。その一つが損益中心主義の経営から資金状況を重視した経営への変化である。このため、経営分析においても損益と資金を結びつけた一体的な分析手法が求められている。

　ここではその手法の一つであるキャッシュフロー分析を取り上げ、さらに損益分岐点分析と収支分岐点分析の一体化を試みる。そこから倒産分岐点という概念を考察し、企業倒産に対する危険度、裏返していえばそれに対する耐性度合いの分析を試みる。そして、従来からある「黒字倒産」という倒産に対する言い訳じみた言葉を消し去り、「勘定も合う、銭も合う」といった健全な経営を目指す。

(2)　キャッシュフロー分析

　第一に取り上げるのはキャッシュフロー計算書作成によるキャッシュフロー分析である。キャッシュフロー計算書は、企業の損益と資金の運用状況を一元的に示す。これを作成し、分析することによって企業の経営状況を損益と資金の両面から包括的に把握することができる。

　キャッシュフロー計算書を仕訳の段階から作成しようとすると大変手間がかかるため、ここでは貸借対照表と損益計算書から誘導的に作成する方法を説明する。

(3)　損益分岐点分析と収支分岐点分析の一体化

　損益と資金を結びつけるもう一つの主要な手段が損益分岐点分析と収支分岐点分析の一体化である。損益分岐点分析も収支分岐点分析も従来からある分析手法だが、それぞれが別々に取り組まれ利用されていたため有効利用されなかった。両者に差異が生ずる要因の一つは運転資金の増減の影響額だが、ここではこの増減要因を排除することにより一体的把握を試みる。

　キャッシュフロー計算書の作成と、損益分岐点分析と収支分岐点分析の一体化という二つの方法により、損益と資金の状況についてきわめて有用な分析ができる。

[損益と資金の一体的把握]

- 損益と資金の一体的把握
  - キャッシュフロー分析
  - 損益分岐点分析と収支分岐点分析の一体化

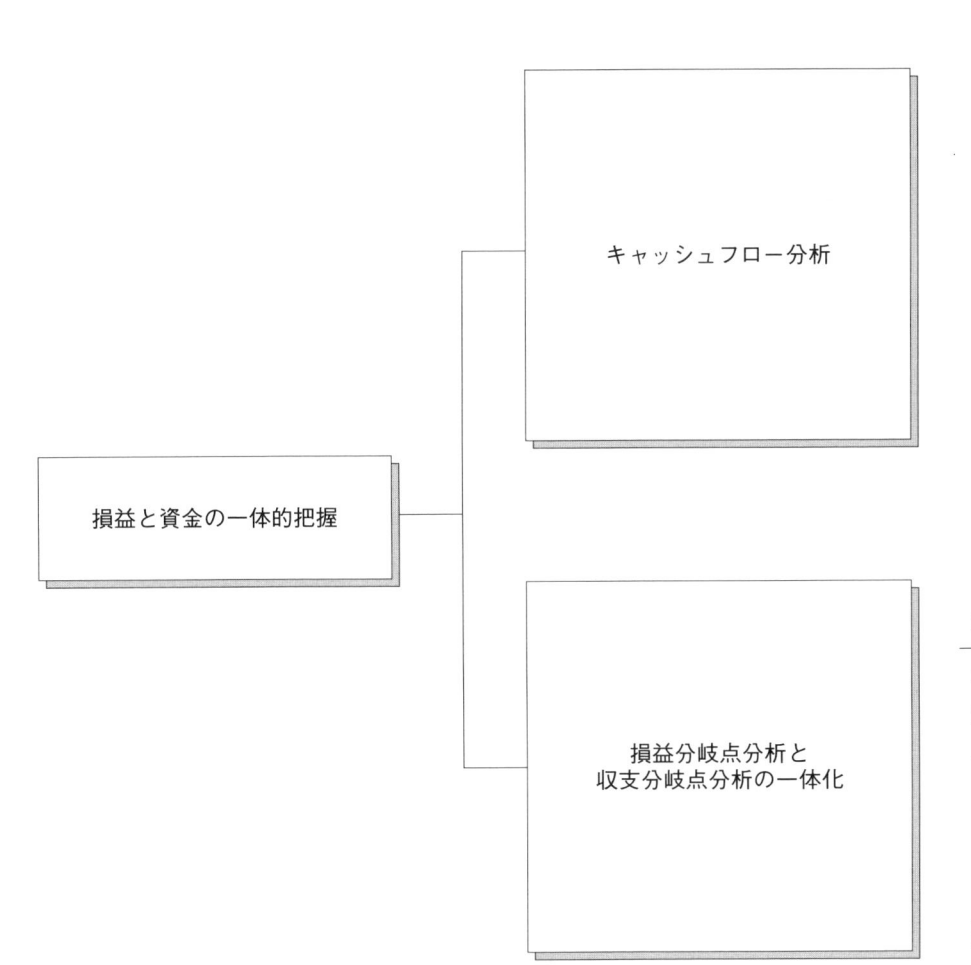

2 キャッシュフロー計算書とは

(1) キャッシュフロー計算書の作成の意義

キャッシュフロー計算書とは、キャッシュの流れ、すなわち現金の流れを利益及び資金の両面から明らかにするものである。

損益概念である「利益」と資金の概念である「現金」を直接結びつけるものであり、損益計算書の収益状況、貸借対照表で示される資金の運用状況を一体的に示すことから第三の財務諸表ともいわれる。

いわゆる大企業では、キャッシュフロー計算書は企業会計審議会の意見で作成が義務づけられることになったが、中小企業は義務づけられなかった。しかし、経営分析をするうえでは欠かせない重要な分析手法であり、以下に解説する。

(2) 黒字倒産の排除

黒字倒産という言葉がある。損益は黒字を維持したが、たまたま資金状況が悪化したことにより倒産やむなきに至ったとし、倒産に対する言い訳に使われてきた。しかし、企業経営では損益の黒字を維持するのは当然であり、同時に資金も常に黒字を維持すべきである。それによって健全経営を維持し、倒産という事態を避けるのである。キャッシュフロー計算書では収支がプラスになるのが当然であり目標になる。「勘定も合う、銭も合う」が前提である。

(3) 経営上の有用な情報

金融機関提出用として「資金繰り表」が作成されてきた。しかし、これは資金収支に関連する項目を順次並べただけであり、資金の移動に伴う売掛金の残高や借入金の残高などを検算するものではなかった。そのため、その正確性が検証しにくかった。

これに比べ、キャッシュフロー計算書は損益計算書及び貸借対照表から誘導的に算出されることから、複式簿記の原理でその内容の正確性が必ず検算される。従来の資金繰り表が単式簿記であるとすれば、キャッシュフロー計算書は複式簿記の表ということができる。

このようにキャッシュフロー計算書は損益の動きと資金の動きを一体的に示すことから、理解しにくかった両者の関係を明確に示すことができる。キャッシュフロー計算書こそが中小企業経営のなんたるかを判断し、支える重要な経営情報になる。

[キャッシュフロー計算書は第三の財務諸表]

貸借対照表

損益計算書

キャッシュフロー計算書

第3章 キャッシュフロー分析

3 キャッシュフロー計算書の区分

(1) キャッシュフロー計算書の三つの区分

キャッシュフロー計算書は営業キャッシュ、投資キャッシュ、財務キャッシュの三つに区分される。営業キャッシュは営業に伴う資金の動きを示し、投資キャッシュは機械その他の設備投資に伴う資金の動きを示す。そして、財務キャッシュは財務取引に関する資金の動きを示す。

これらの資金の動きで期首の現預金残高がいくら増減し、結果的に期末現預金残高がいくらになったかを示す。

(2) 営業キャッシュの二つの区分

営業キャッシュは利益キャッシュと取引条件キャッシュの二つに区分される。

利益キャッシュは損益計算書から誘導的に算出され、当期の利益に減価償却費に代表される非資金取引の額を加算あるいは減算して算出される。これは言い換えれば、当期間の事業活動のなかの純粋な利益により稼得された資金の額になる。

取引条件キャッシュは売掛金の増減、買掛金の増減など当期中の営業上の貸借取引の結果としての資金の動きに伴う収支差額になる。これは貸借対照表に示される資金の運用状況に左右されるものであり、当期の損益に直接的には結びつかない財務活動の一環である。

(3) 投資キャッシュと財務キャッシュ

投資キャッシュは機械の取得など設備投資額を記載する。財務キャッシュは銀行からの新規借入金や既存の借入金の返済額を記載する。

(4) 利益キャッシュとその他の取引区分の重要性

利益キャッシュは損益状況の結果であり、損益計算書から誘導される。取引条件キャッシュ、投資キャッシュ、財務キャッシュは企業の損益とは直接的には結びつかない財務取引で、貸借対照表から誘導される資金の運用部分である。

取引区分のうち、利益キャッシュとそれ以外の取引を明確に区分することによって損益と資金を結びつけるという本来の意義を発揮する。キャッシュフロー計算書が第三の財務諸表といわれるゆえんもここにある。

[キャッシュフロー計算書の様式]

営業キャッシュ	利益キャッシュ
	取引条件キャッシュ

投資キャッシュ

財務キャッシュ

損益計算書の部分
貸借対照表の部分

4　キャッシュフロー計算書の作成手順

(1)　作成の概要

　キャッシュフロー計算書を仕訳入力で作成しようとすると、入力件数が倍となり手数と労力は大変である。

　しかし、貸借対照表、損益計算書から誘導的に作成すれば簡単に作成できる。ここではこの方法について説明するが、実際にはエクセルなどの表計算システムを利用して作成する。

　貸借対照表と損益計算書を2期分用意し、ここから必要とされる情報を抜き出し転記していく。このほか、細部の情報として期中の設備投資の額、減価償却の実施状況、借入金の新規調達、借入金の返済情報が必要となる。

(2)　作成手順

　① 　利益キャッシュの項目

　利益キャッシュの項目については損益計算書から転記する。当期利益は損益計算書の当期利益を転記する。減価償却費、機械の除却損その他資金の支出を伴わない費用については、これを損益計算書から抽出して転記のうえ加算する。準備金繰入額も支出の伴わない費用である。また、まれではあるが債務免除益など収入の伴わない取引がある場合にはこれを転記し減算する。

　② 　取引条件キャッシュの項目

　取引条件キャッシュの項目では貸借対照表の流動資産及び流動負債の科目ごとに期首残高、期末残高の差額を転記し、当該科目でいくらの資金の異動があったかをみる。資産科目で残高が増加する場合は資金のマイナスとなり、負債科目で残高が増加した場合、資金はプラスとなる。

　③ 　投資キャッシュの項目

　投資キャッシュは設備投資に係る資金の支出額を記載する。設備投資額は貸借対照表からだけでは判別できないので、固定資産償却台帳をみて当期の投資額を調べなければならない。貸借対照表に記載されているのは設備投資額、資産の除却額、減価償却額を差し引きした差額の数値である。

　④ 　財務キャッシュの項目

　財務キャッシュは文字どおり財務取引に係る収支を記載する。おもなものとして長期借入金の返済額が計上されるが、貸借対照表の残高の動きだけではその内容を把握しきれない。借入金に関する明細表をみて、期中の新規借入額、返済額を転記しなければならない。

[キャッシュフロー計算書の作成手順]

営業キャッシュ	利益キャッシュ	当期利益	損益計算書から転記
		減価償却費	同　上
		準備金繰入額	同　上
	取引条件キャッシュ	売掛金の増減額	貸借対照表の期首、期末残高の差額を転記
		その他流動資産の増減額	同　上
		買掛金の増減額	同　上
		その他流動負債の増減額	同　上
投資キャッシュ		設備投資額	新規の購入額を固定資産償却台帳から転記
財務キャッシュ		短期借入金の増減額	期中の新規借入額、返済額を転記する
		長期借入金の増減額	同　上

期首現預金		貸借対照表の期首の残高を転記
期末現預金		貸借対照表の期末の残高を転記

5 キャッシュフロー計算書の読み取り方

(1) 全体像の把握

　キャッシュフロー計算書から、営業活動による利益の稼得状況、投資額、借入金の返済状況など資金の動きがどうなっているかを掴み、損益と資金を含めた企業活動の全体像を把握する。

　「利益キャッシュの額が小さい」「利益キャッシュの額に比較して借入金返済額が過大である」「資金の調達が取引条件キャッシュに過度に依存している」など企業活動のさまざまな様相が浮かび上がってくる。

(2) 資金活動の根幹である利益キャッシュの把握

　営業キャッシュのうちの利益キャッシュの額が、企業活動により稼得された純粋な利益に係る収入である。この額が投資資金、借入金返済資金などの活動原資となる。企業活動の資金のうち「真水」といわれる。

(3) 取引条件キャッシュの動きと翌期の予測

　取引条件キャッシュは、取引条件の面でいくら資金を使っているかをみるもので、当該年度における売掛金・買掛金等の残高の異動の結果でもある。

　取引条件キャッシュの額は、年度ごとの取引の状況により増減し、当期にプラスに働いたとしても翌期には逆にマイナスに働く可能性が高い。すなわち、取引条件に区分されるキャッシュの異動は常に一定の幅をもってプラス、マイナス、プラス、マイナスと変動する。当期でプラスに働いた場合、翌期にはマイナスに働くと考え対策をとる必要がある。取引条件で得た資金はいわゆる「あぶく銭」である。

(4) 投資額はどうか

　投資キャッシュでは、機械装置、建物等の固定資産の投資状況をみる。稼得した利益キャッシュの範囲内か、借入返済額との関係は適切かどうか、などをみる。

(5) 借入返済は順調か

　財務キャッシュでは、借入金による資金の調達や借入金の返済がどうなっているかをみる。特に長期借入金の約定返済額がいくらであり、順調に返済しているかが問題となる。約定返済額の全額が当期の利益キャッシュでまかなわれていることが望ましい。

> **次頁の法人の場合**
>
> 　次頁の法人では利益キャッシュが53,469千円である。取引条件キャッシュや投資キャッシュ、さらには財務キャッシュの額がこの利益キャッシュでまかなわれており大変よい。

[キャッシュフロー計算書]

(単位:千円)

			No	増減	金額	累計金額
I		営業キャッシュ				
	1	利益キャッシュ				
		当期利益	79		4,351	
		減価償却費	100		9,318	
		固定資産圧縮損	74		22,584	
		農業経営基盤強化準備金繰入差額	73-70		17,216	
		計			**53,469**	**53,469**
	2	取引条件キャッシュ				
		売掛金の増減	2の差額	増	-13,252	
		原材料の増減	4の差額	減	471	
		仕掛品の増減	5の差額	増	-914	
		営農仮払金の増減	6の差額	減	377	
		短期貸付金の増減	7の差額	減	3,201	
		未収入金の増減	8の差額	増	-3,300	
		預り金の増減	19の差額	減	-80	
		未払消費税の増減	20の差額	増	396	
		未払法人税の増減	21の差額	増	438	
		計			-12,663	
		営業キャッシュ計				40,806
II		投資キャッシュ				
		建物の増減	資産台帳	増	-1,721	
		機械装置の増減	資産台帳	増	-22,584	
		投資等の増減	16の差額		0	
		投資キャッシュ計			-24,305	
		フリーキャッシュ				16,501
III		財務キャッシュ				
		長期借入金の増減	23の差額	減	-10,502	
		配当金の支払(前期繰越利益の減)	別途資料	減	-4,000	
		計			-14,502	1,999
IV		現金及び現金等価物の増減額				1,999
V		現金及び現金等価物の期首残高	1(前期)			126,734
VI		現金及び現金等価物の期末残高	1(当期)			128,733

補足資料

(単位:千円)

		固定資産の増減				
	No	期首残高	当期取得	当期圧縮損	当期償却額	期末残高
建物	10	16,653	1,721		1,100	17,274
構築物	11	1,241			208	1,033
機械装置	12	10,075	22,584	22,584	3,616	6,459
車両運搬具	13	8,488			4,359	4,129
工具器具備品	14	97			35	62
投資等	16	30				30
計		36,584	24,305		9,318	28,987

第4章
損益分岐点分析

1　損益分岐点分析とは

(1)　損益分岐点分析の意義
　損益分岐点分析とは、損益が均衡しゼロとなる売上高、すなわち費用と売上高が同額となるその売上高の額を算出し、そのうえで実際の売上高がこの損益分岐点からみてどの位置にあるかをみる。
　売上高の増減に対して損益の状況がどのように変化するか予測が可能となるほか、必要とする利益の額を折り込んだ場合の必要売上高を算出することもできる。

(2)　損益分岐点分析の算式
　損益分岐点は固定費を限界利益率で除して算出する。固定費とは売上高の増減に比例することなく必要とされる費用の額であり、変動費とは売上高に比例して増減する費用である。限界利益率は売上高から変動費を引いた額を売上高で除して算出する。
　この算式の意味は、売上高の増減に関係なく固定的に必要となる固定費を単位当りの利益でカバーする場合、どのくらいの売上高が必要かである。

$$損益分岐点売上高 = \frac{(固定費)}{限界利益率}$$

$$限界利益率 = \frac{(売上高 - 変動費)}{売上高}$$

(3)　利益図表と限界利益図表
　損益分岐点を表す図表には利益図表と呼ばれるものと限界利益図表と呼ばれるものの2種類がある。前者は売上高線に対して固定費と変動費を加えたものを総費用線として掲示し、その交点を求める。後者は固定費線に対して限界利益線を示しその交点を求める。
　両者にはそれぞれ特徴があるが、本項では後者の限界利益図表を採用し、これに基づいて説明を進めたい。限界利益図表は限界利益に重点を置いたものであり、「固定費をカバーする売上高はいくらか」という企業経営者の思考過程に即した図表である。

(4)　経営改善に向けて
　損益分岐点分析を行うことによって、自社の利益がどのようになっているか、その安全余裕率はどうかを探ることができる。固定費を削減するにはどうすればよいか、利益率をあげるにはどうすればよいか、などの検討も進められる。分析は企業全体ではもちろん部門別、作目別に分析することもできる。

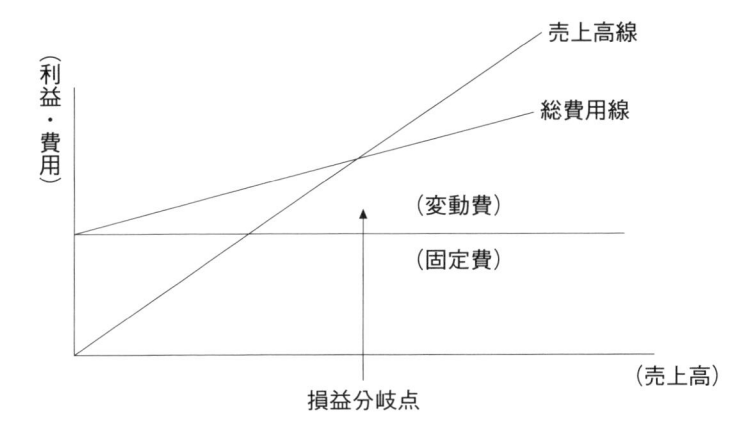

[利益図表]

```
(利益・費用)                        売上高線
                                  総費用線

                        (変動費)
                        (固定費)

                    ↑
                損益分岐点          (売上高)
```

[限界利益図表]

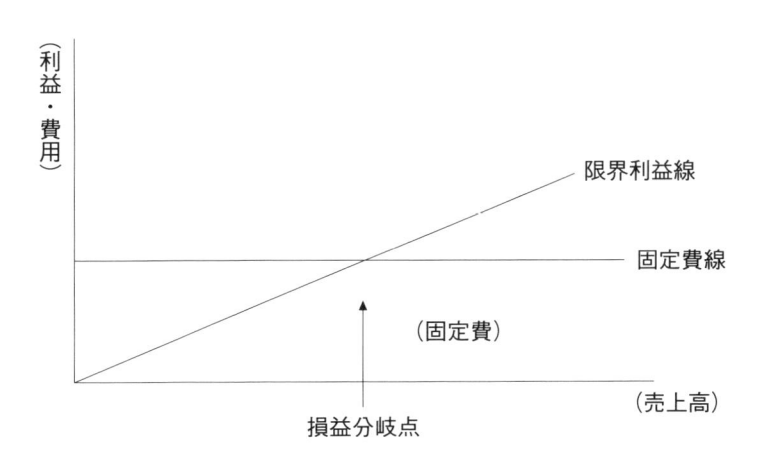

```
(利益・費用)
                              限界利益線

                              固定費線
                        (固定費)
                    ↑
                損益分岐点          (売上高)
```

2　変動費と固定費の区分

(1)　変動費と固定費の区分

損益分岐点分析を進めるための第一の作業として、費用を変動費と固定費に分けなければならない。変動費は売上高に比例して増減する費用をいい、固定費は売上高とは比例せず固定的にかかる費用をいう。

変動費か固定費かの判定は実務的には勘定科目名から判断し、その科目全体を変動費または固定費にする。勘定科目法といわれる。

(2)　分析は経常損益の段階で

損益分岐点分析は経常的な損益状況について分析するものであり、臨時的な損益や前期の損益修正項目を計上する特別損益の科目、さらには法人税等の科目は対象外とされる。

具体的には売上原価の仕入高、材料費、労務費、製造経費など製造原価の科目、役員報酬など販売費及び一般管理費の科目、それに営業外損益に属する科目が分析の対象となる。

(3)　農業における費用の区分の仕方

農業において何を変動費とし何を固定費とするかは迷うところである。たとえば稲作においては作付面積が確定した場合、売上高の多少にかかわらず地代や種苗費、肥料費、農薬費はほぼ確定してしまう。すなわち、売上高に連動せず固定的にかかる費用と考えると、これらは固定費に分類すべきである。

しかしこのような判定は、売上高の増減による利益の増減をとらえるという損益分岐点分析の本来の趣旨に照らしてみると、やや奇異に感じる。農業の場合、売上高の主たる増減要因は毎年の収穫量の変動ではなく生産規模（作付面積）の変動であり、これを基準として判定するのが適切だろう。すなわち、変動費は「売上の増減」に伴って変動する費用としてではなく、「生産規模の増減」に伴って変動する費用ととらえ、固定費は生産規模が増減しても変動しない費用とする。このように判定すると支払地代は変動費になり、一般企業の区分概念とは異なってみえるがこの判定でよい。

次頁の法人の場合

製造原価項目のうち材料費に属する種苗費、肥料費等の科目は変動費とした。作業委託費、動力光熱費、農具費、修繕費、共済掛金、支払地代等も変動費とした。労務費と製造経費のうち賃借料と減価償却費は固定費とした。

販売費及び一般管理費は全額固定費とし、営業外損益に属する科目についてもすべて固定費あるいは固定費の控除項目とした。なお、仕入高は変動費とした。

その結果、変動費の合計は99,390千円、固定費の合計は43,728千円となった。

[変動費と固定費の区分]

(単位：千円)

科　目	No	当年度	変動費	固定費
仕入高	36	7,869	7,869	

製造原価報告書

		No	当年度	変動費	固定費
材料費	期首原材料棚卸高	82	2,027	2,027	
	種苗費	83	1,945	2,470	
	肥料費	84	13,009	13,009	
	農薬費	85	13,692	13,692	
	諸材料費	86	5,501	4,976	
	期末原材料棚卸高	87	1,556	-1,556	
	計	88	34,618		
労務費	賃金手当	89	39,666		39,666
	法定福利費	90	8,954		8,954
	計	91	48,620		
製造経費	作業委託費	92	7,862	7,862	
	動力光熱費	93	10,051	10,051	
	農具費	94	1,919	1,919	
	修繕費	95	12,222	12,222	
	共済掛金	96	2,553	2,553	
	賃借料	97	5,765		5,765
	支払地代	98	22,679	22,679	
	作業用衣料費	99	531	531	
	減価償却費	100	9,318		9,318
	計	101	72,900		
	計	102	156,138		
期首仕掛品棚卸高		103	1,565	1,565	
期末仕掛品棚卸高		104	2,479	-2,479	
当期製品製造原価		105	155,224		

販売費及び一般管理費計	55	46,198		46,198

営業外収益計	63	-66,836		-66,836
営業外費用計	66	663		663

		計 ㋑	99,390	㋺	43,728

3 税負担を考慮した分析

(1) 経常利益と当期利益

損益分岐点分析は経常的な損益状況について分析するのが一般的である。しかし、ここでは特別損益や法人税等をも考慮した当期損益での分析を試みる。なぜなら企業経営において損益と資金の双方に大きな影響を与える法人税等の負担を考慮せざるをえないからである。経常利益段階にとどまらずそれらを反映した当期利益段階での分析を試みる。

(2) 税負担の影響

損益分岐点分析は費用と収益が均衡する点を求めるもので、この時点での売上高では損益がゼロであり、法人税等の税負担がないと判定される。しかし損益分岐点売上高に対し目標利益を加えた売上高を算出する場合、その超える部分については利益が発生することから法人税等の負担を考慮しなければならない。法人税等は企業経営における重大な費用であり、これを除外するわけにはいかない。損益ばかりでなく、損益と資金を一体的に把握する場合は特に重要な要素となる。

(3) 新たな算式

利益に対する法人税等の負担割合は、法人税率を30％とした場合、法人税、住民税、事業税合わせて42.39％である。そして事業税の損金性を考慮した場合の実効税率は39.54％となる。利益への影響度合いは39.54％となるが、ここでは簡便化して50％として分析を進める。

利益が出て課税所得が発生する場合の損益分岐点分析の新たな算式は以下のように置き換えられる。この算式を利用すると一定額の必要利益の額を確保したい場合や収支分岐点が損益分岐点を超える場合のその追加的な売上高に対する部分について、包括的に対応できる。

$$損益分岐点売上（目標利益額を含む）= 損益分岐点売上 + \frac{目標利益額}{限界利益率 \times (1 - 法人税等負担割合)}$$

（法人税等負担割合は0.5とする）

[売上高と利益・費用の関係]

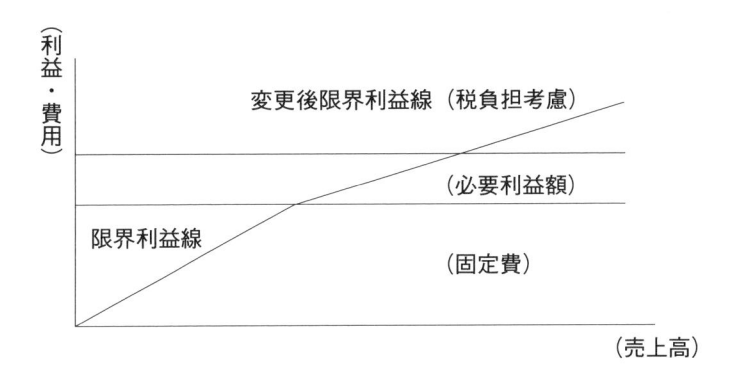

(利益・費用)

変更後限界利益線（税負担考慮）

（必要利益額）

限界利益線

（固定費）

（売上高）

4　損益分岐点の位置

(1) 損益分岐点の位置

損益分岐点の位置とは、実際の売上高と損益分岐点売上高の割合を示すものである。損益分岐点の位置が実際の売上高に対して低いほうが収益力の安定を示す。

$$損益分岐点の位置 = \frac{損益分岐点売上高}{売上高} \times 100$$

(2) 安全余裕率

安全余裕率とは、現状に比較してどのくらいの売上高減少に耐えうるかをみるもので損益分岐点の位置に対するちょうど逆の指数となる。数値が高いほど損益面での安全度が高い。

$$安全余裕率 = (1 - 損益分岐点比率)$$

(3) 費用の構造と売上高の変化に対する耐性度合い

費用を変動費と固定費に分解することによって限界利益率の小さい企業か、限界利益率の大きい企業かがわかる。

前者の企業は売上高の変動が利益の額に与える影響度は小さく、後者の場合は売上高の変動が利益の額に与える影響度が大きい。この結果によって経営上の対策も異なる。

(4) 目標利益の達成点

損益分岐点分析により目標利益達成のための売上高を算出することができる。この場合、固定費に目標利益を加算した数値を限界利益率で除す。しかし目標利益を税引後利益の額とする場合は、税負担割合を考慮した新たな算式によることに留意してほしい。

> **次頁の法人の場合**
>
> 次頁の法人の損益分岐点売上高は95,267千円であり、実際の売上高183,553千円に対して損益分岐点の位置は51.9％のところである。そして安全余裕率は48.1％である。
>
> 比較対象とする日本政策金融公庫農林水産事業の経営指標では、損益分岐点の位置は84.3％であり、安全余裕率は15.7％である。この法人の安全性はきわめて高い。

[損益分岐点等の算式]

1 損益分岐点売上高の算式
　　　損益分岐点売上高

固定費	45頁の㋺	43,728	Ⓐ	**95,267**
限界利益率	Ⓑ	0.459		

　　　限界利益率

売上高－変動費	9頁の35－45頁の㋑	84,163	Ⓑ	0.459
売上高	9頁の35	**183,553**		

2 損益分岐点の位置の算式
　　　損益分岐点の位置

損益分岐点売上高	Ⓐ	95,267	Ⓒ	**51.9%**
売上高	9頁の35	**183,553**		

3 安全余裕率の算式
　　　安全余裕率
　　　　　1－損益分岐点比率　　　　　　　　　　Ⓓ　**48.1%**

第5章

損益分岐点分析と
収支分岐点分析一体化の試み

1　収支分岐点分析とは

(1) 収支分岐点分析の意義

　収支分岐点とは、収支が均衡しゼロとなる売上高、すなわち売上に係る収入と費用に係る支出及び費用の支払以外の支出の合計額が同額となるその売上高の額をいう。資金分析、資金管理の方法として行われるもので、実際の売上高がこの収支分岐点からみてどの位置にあるかを探り、現状分析と今後の経営方針の参考とする。

(2) 収支分岐点分析の算式と図表

　収支分岐点は、固定的支出を限界収入率で除して算出される。固定的な支出をまかなうのにどれだけの売上高が必要かをみるものである。
　収支分岐点分析の算式も損益分岐点分析の算式に似ており、損益分岐点分析における固定費が固定的支出に、限界利益率が限界収入率に置き換わると考えればよい。図表のかたちは損益分岐点分析と同様付加価値型とする。

$$収支分岐点 = \frac{固定的支出}{限界収入率} \qquad 限界収入率 = \frac{(売上収入 - 変動的支出)}{売上高}$$

(3) 売上高と売上収入

　損益概念である「売上高」と資金概念である「売上収入」はもちろん異なる。売上高という収益に対して売上収入という場合は、その売上が回収されて入金になって初めて売上収入として認識される。
　売上収入は、売上高に期首売掛金を加え、期末売掛金を控除する。すなわち、売上収入は売上高という収益に対して売掛金という資金の運用状況を加減したものである。費用の項目についても同じことがいえる。

$$売上収入 = 売上高 + (期首売掛金 - 期末売掛金)$$

(4) 固定費と固定的支出

　固定的支出は費用科目に該当する経常的な支出に追加して、銀行からの長期借入金の元金返済額などを加えたものである。すなわち損益分岐点分析における固定費を支出額に置き換えた額に、銀行に対する返済額を加えたものとなる。
　具体的には、固定費の支出額から減価償却費などの非資金取引とされる費用を控除し、返済額を加算する。

$$固定的支出 = (費用 - 減価償却費) + (期首買掛金 - 期末買掛金) + 長期借入金返済額等$$

[収支分岐点図表]

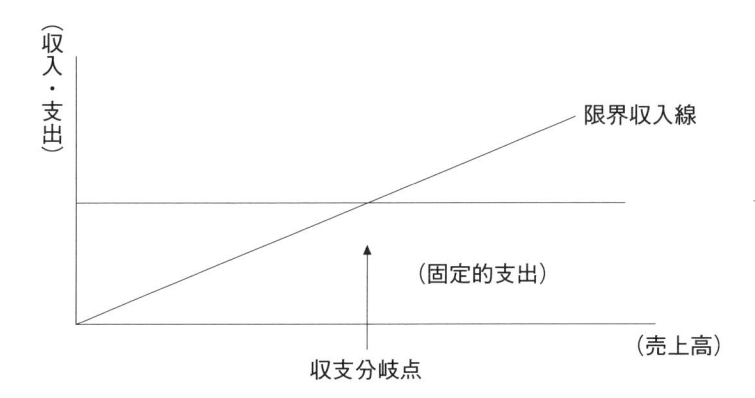

(縦軸)（収入・支出）
(横軸)（売上高）

限界収入線
（固定的支出）
収支分岐点

2　収支分岐点分析の算式の分解と簡略化

(1) 収支分岐点の算式の分解
　収支分岐点分析は、固定的支出を限界収入率で除して算出する。この算式を損益分岐点分析の算式との関連で分解し、収支分岐点分析の算式の簡略化を試みる。

(2) 固定的支出の分解
　費用性のある固定的支出は、固定費に期首の買掛債務の残高を加算し、期末の残高を減算したものである。このことは損益分岐点分析における固定費に、資金の運用状況を示す買掛金等の増減額を加味したものといえる。
　ここから減価償却費等の支出を伴わない費用の額を減算し、これに金融機関の長期借入金の返済額等を加算する。この差額を本項では「追加的支出」と称する。

(3) 限界収入率の分解
　限界収入率は売上収入から変動的支出を控除し、これを売上高で除して算出する。売上収入は売上高に期首売掛金を加算し、期末売掛金を減算したものである。
　この限界収入率の算式を分解すると、損益分岐点分析における限界利益率に期首期末の資金の運用差額を売上高で除した率を加減算したものとなる。すなわち、限界収入率は損益分岐点分析における限界利益率に運転資金の回転率を加味したものである。

(4) 資金運用差額をゼロと考える
　このように収支分岐点分析の算式の各項目は損益分岐点分析の各項目に貸借科目の資金の運用差額が加味されたものとなっている。
　この資金の運用差額については「第3章　キャッシュフロー分析」でも述べたように、営業キャッシュのうちの取引条件キャッシュの部分を構成するものであり、その額は数期間を通してみれば、ほぼ「プラス、マイナス、ゼロ」に集約する。資金の内容としては利益を源泉とするものではなく、「あぶく銭」ともいえる。この額が経営に及ぼす影響は決して小さくないが、この項目についてはあえて分析数値から除外してもよいと判断する。なぜなら経常的な資金状況を分析するという収支分岐点の主旨から外れるものではなく、むしろ除外したほうが簡潔でより健全な判断ができるからである。

[収支分岐点の算式の分解と簡略化]

1 収支分岐点分析の算出
   ① $\dfrac{固定的支出}{限界収入率}$

   ② $限界収入率 = \dfrac{売上収入 - 変動費支出}{売上高}$

2 算式の分解と簡略化
   (1) 固定的支出の分解
       ① 固定費＋(期首買掛債務－期末買掛債務)－減価償却費＋長期借入金返済額等

       ② 期首と期末の買掛債務の変動額は除外

       ③ 固定費＋追加的支出（長期借入金返済額等－減価償却費）

       ④ 長期借入金返済額等と減価償却費の差額部分は追加的支出と称する

   (2) 限界収入率の分解
       ① $\dfrac{売上高 +(期首売掛金 - 期末売掛金) - (変動費 + 期首買掛債務 - 期末買掛債務)}{売上高}$

       ② $\dfrac{(売上高 - 変動費) + 期首期末資金運用差額}{売上高}$

       ③ $\dfrac{(売上高 - 変動費)}{売上高} + \dfrac{期首期末資金運用差額}{売上高}$

       ④ 限界利益率＋運転資金回転率

       ⑤ 回転率は除外

       ⑥ 限界利益率＝限界収入率とみなす

3　損益分岐点分析と収支分岐点分析の一体化

(1)　限界利益率と限界収入率を同じとみる

　限界収入率は限界利益率に運転資金の回転率を加味したものである。この運転資金の回転率の差は期首と期末の運転資金の増減に影響されるが、この増減は数期間を通算してみるとほぼゼロにシフトするので、これをあえて加味せず省略してもよい。この場合、限界利益率の数値をそのまま限界収入率とみることができる。

(2)　固定的支出は固定費プラス追加的支出とする

　固定的支出のうち費用性の支出は固定費に期首期末の運転資金の増減額を加味したものである。このことについては限界収入率の見方と同じくこれを加味せず省略してもよい。すなわち、固定的支出は固定費から減価償却費等の資金の支出の伴わない費用を控除し、これに金融機関の長期借入金返済額等を加算したものとみてよい。

> 固定的支出＝固定費＋追加的支出

> 追加的支出＝（長期借入金返済額等－減価償却費）

(3)　損益分岐点分析と収支分岐点分析との違い

　損益分岐点分析は損益がゼロの売上高を求めるものであり、そこでは税負担を考慮する必要はない。しかし、収支分岐点は損益分岐点と違い利益がゼロの点ではない。収支分岐点分析における固定的支出は固定費に追加的支出を加算することから、この加算する部分は損益分岐点を超えることとなり、限界収入率（＝限界利益率）は税負担分だけ低下する。

　収支分岐点分析は、損益分岐点分析と異なり必ず税負担を考慮した分析とせざるをえない。

(4)　収支分岐点分析の新たな算式

　このように税負担を考慮しつつ両者を一体化した場合、収支分岐点分析の算式は以下の算式に置き換えられる。

$$収支分岐点 = 損益分岐点売上 + \frac{追加的支出}{\underset{（限界利益率）}{限界収入率} \times (1 - \underset{法人税等負担割合}{0.5})}$$

(5)　図示の仕方

　図表に表すには縦軸に固定費、追加的支出をとり横軸に売上高をとる。固定的支出線と限界収入線の交わるところが収支分岐点売上となる。この場合固定費の交点、すなわち損益分岐点売上高を超える部分の限界収入率は税負担を考慮した変更後の限界収入率となる。

[損益分岐点と収支分岐点の一体的表示]

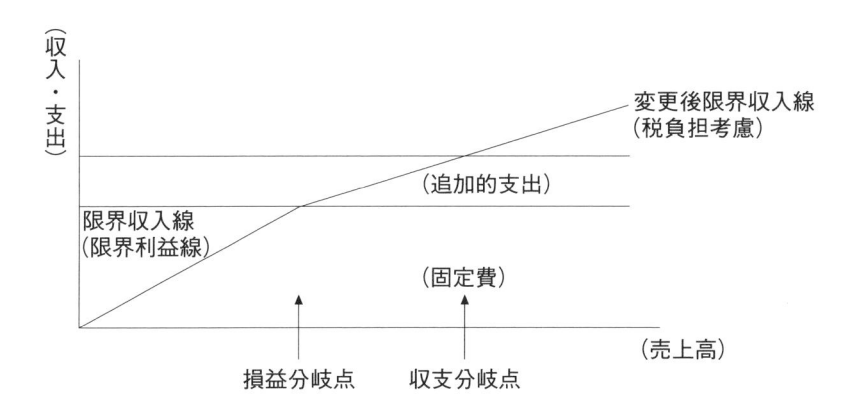

(収入・支出)

変更後限界収入線
(税負担考慮)

限界収入線
(限界利益線)

(追加的支出)

(固定費)

損益分岐点　収支分岐点

(売上高)

4　収支分岐点の「逃げ水」現象

(1)　損益分岐点に比べて収支分岐点のほうが高い

　損益分岐点に比べて収支分岐点のほうが高くなる場合が多い。これは固定費と固定的支出を比べた場合に固定的支出が大きくなるからである。

　長期借入金の返済額が減価償却費の額を上回る場合や、累積欠損に起因する借入金返済の負担が大きくなっている場合である。

(2)　追加的支出の資金捻出は課税対象

　追加的支出がある場合のその財源は、損益分岐点を上回る売上高によりカバーすべきであり、必ず法人税等の税負担を伴うことになる。そのため、追加的支出について通常の限界収入率を使って算出した売上高ではその返済等の資金は捻出できない。

　このように、収支分岐点の位置はそれを考慮しない位置よりはるか遠くへ「すーっ」と遠ざかる。これはあたかも「逃げ水」現象のようなので、収支分岐点の「逃げ水」現象として理解したい。

(3)　追加的支出がマイナスの場合

　財務内容がきわめてよいため、金融機関への長期借入金の返済額が小さく、その額が減価償却費を下回り、固定的支出の追加額がマイナスになることがある。この場合、限界収入率の変更は不要である。

　また、繰越欠損金があり税務上の青色欠損金の繰越控除を受けることができる場合もこのことを考慮する必要はない。

次頁の法人の場合

　次頁の法人の収支分岐点売上高は一般的な分析方法では97,847千円となる。しかし、追加的支出はプラスであり、その部分について限界収入率を0.459から0.230へと変更する必要がある。

　修正後の収支分岐点は100,415千円と2,568千円増加する。

1　収支分岐点売上高の算出
　　　追加的支出
　　　　　長期借入金返済額　　| 7頁23の差額 | 10,502 |
　　　　　減価償却費　　　　　| 11頁100 | 9,318 |
　　　　　差引追加的支出額　　| 差引 |　　　|　Ⓔ　| 1,184 |

　　　限界収入率
　　　　　限界収入率　　　　　| Ⓑ | 0.459 |
　　　　　租税負担考慮（考慮せず）|　|　|
　　　　　変更後限界収入率　　|　|　|　Ⓕ　| 0.459 |

　　　収支分岐点売上高
　　　　　損益分岐点売上高　　| Ⓐ | 95,267 |
　　　　　追加支出に伴う売上要増加額
　　　　　　　追加的支出　　　| Ⓔ | 1,184 |　Ⓖ　| 2,580 |
　　　　　　　変更後限界収入率| Ⓕ | 0.459 |

　　　　　収支分岐点売上高　　| Ⓐ＋Ⓖ |　　　|　Ⓗ　| **97,847** |

2　税負担を考慮した収支分岐点売上高の算出
　　　追加的支出
　　　　　長期借入金返済額　　| 7頁23の差額 | 10,502 |
　　　　　減価償却費　　　　　| 11頁100 | 9,318 |
　　　　　差引追加的支出額　　| 差引 |　　　|　Ⓔ　| 1,184 |

　　　限界収入率
　　　　　限界利益率　　　　　| Ⓑ | **0.459** |
　　　　　租税負担考慮　　　　|　　| 0.500 |
　　　　　変更後限界収入率　　|　　| **0.230** |　Ⓕ　| **0.230** |

　　　収支分岐点売上高
　　　　　損益分岐点売上高　　| Ⓐ | 95,267 |
　　　　　追加支出に伴う売上要増加額
　　　　　　　追加的支出　　　| Ⓔ | 1,184 |　Ⓖ　| 5,148 |
　　　　　　　変更後限界収入率| Ⓕ | 0.230 |

　　　　　収支分岐点売上高　　| Ⓐ＋Ⓖ |　　　|　Ⓗ　| **100,415** |

第6章
倒産分岐点分析への アプローチ

1　損益と資金の一体的把握

(1) 一体的把握の概要

損益分岐点分析と収支分岐点分析を一体化することにより、損益と資金の状況が一体的に把握できる。

自社の売上高が損益分岐点以下か、損益分岐点と収支分岐点の間に位置するか、または損益分岐点と収支分岐点いずれをも超える位置にあるか、その状況が一体的に把握できる。

(2)「赤字」、「擬似黒字」、「真性黒字」

損益分岐点分析では「赤字」、「黒字」が判定される。一方、収支分岐点分析でも資金としての「赤字」、「黒字」が判定される。ここで両者を一体的にとらえると、損益も資金も赤字の真の「赤字」、損益は黒字であるが資金が赤字の「擬似黒字」、そして損益も資金も黒字の「真性黒字」に区分できる。

(3)「赤字」

損益が赤字の状況は論外である。経営改善を進め黒字への転換が求められる。損益が赤字の場合は資金も赤字となり、返済財源はなく資金繰りもひっ迫しているはずである。

(4)「擬似黒字」

擬似黒字とは、損益は黒字であるが収支が赤字の位置である。この状況では返済財源の一部はまかなえてもその全額がまかなえない状況であり、決して楽観できない。損益も資金も黒字になるようにさらなる経営改善が求められる。

擬似黒字の状況では、限界収入線と固定費線の間の部分が収益による返済可能額であり、限界収入線と固定的支出線との間の部分が金融機関から再調達しなければならない金額となる。

(5)「真性黒字」

真性黒字とは、損益はもちろん収支も黒字の位置である。まずこれが目標となる。なお、通常の収支分岐点分析では新規の設備投資予定額は算入しないので、これを考慮するともっと高い数値が求められる。

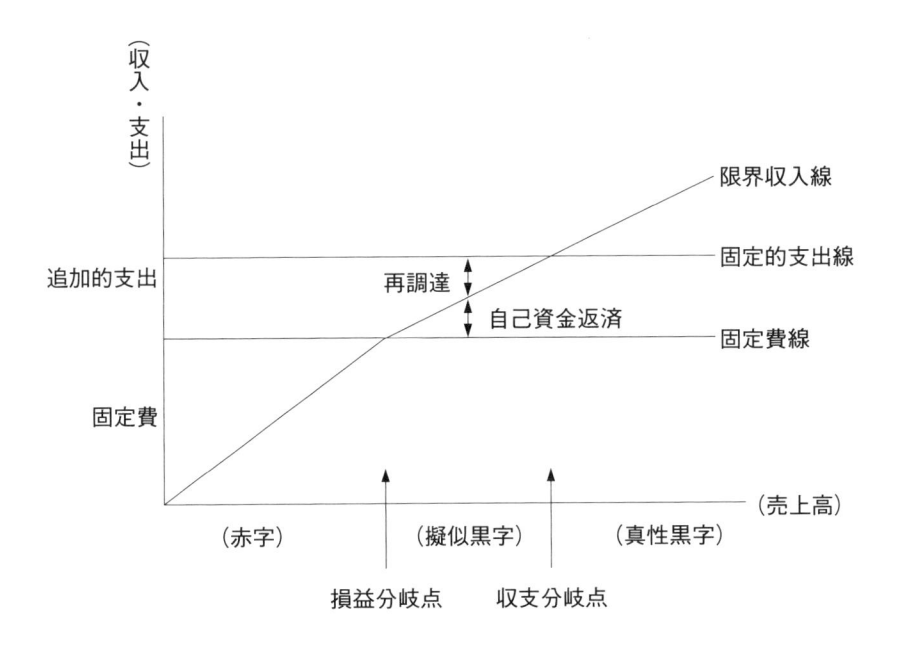

[赤字・疑似黒字・真性黒字の区分図表]

（収入・支出）

限界収入線

追加的支出 ── 再調達 ── 固定的支出線
　　　　　　　　　　　自己資金返済 ── 固定費線
固定費

（売上高）

（赤字）　　（擬似黒字）　　（真性黒字）

　　　　　損益分岐点　収支分岐点

2　倒産分岐点分析とは

(1) 「黒字倒産」という言葉

　黒字倒産という言葉がある。これは、損益は黒字だったが、なんらかの都合で一時的に資金繰りがつかず倒産に至ったという意味である。しかし、これは企業倒産に対する言い訳でしかなく、この言葉があること自体損益中心主義のものの考え方に対する警告でもある。「倒産」はあってはならない。

(2) 判定の基準

　倒産分岐点分析とは企業が資金繰りに窮して破綻する危険度を測定するものである。その判定基準を何に求めるかについては、東京都商工指導所所長の長島俊男氏はその著書のなかで、倒産分岐点は「資産経費としての支払利息が限界を超えると、余程の収益力が無い限り、企業全体を縮小・破滅に誘導するものと考える」（長島俊男『倒産分岐点』序文3頁（同友館））とし、その分岐点を売上高支払利息率のなかに求めようとされていた。しかし損益と資金の双方が重視されるいま、その指標は損益概念の尺度ではなく、損益状況もふまえた借入金の返済余力という資金概念に求めるほうがより適切だろう。

(3) 倒産分岐点

　「第6章　1　損益と資金の一体的把握」でも述べたように損益も資金も黒字の「真性黒字」が望ましい。ここでは返済額は全額、利益キャッシュでまかなわれていることになる。しかしそれが困難な場合、どのくらいまでなら耐えうるか、そして金融機関の理解を得て企業再生に向かっていけるかということになる。

　いくつかの診断事例から、損益分岐点と収支分岐点の中間点の位置が倒産分岐点の位置と考えられる。この位置は約定返済額の全額の返済は不可能だが、年間返済額の半額は利益キャッシュでまかなっているという状態である。企業経営の継続には最低でもこのくらいの利益と資金が必要であり、この点が倒産分岐点と考えられる。

> **次頁の法人の場合**
> 　次頁の法人の倒産分岐点売上高は97,267千円である。実際の売上高は183,553千円であり、倒産分岐点をはるかに超えている。大変よい。

> **悪い「参考事例」の場合**
> 　悪い参考事例の場合は損益分岐点売上高が179,319千円である。追加的支出が28,997千円もあり、収支分岐点売上高は367,050千円となっている。実際の売上高は185,522千円であり、倒産分岐点売上高273,184千円を大幅に下回っており大変悪い。危機的状況である。

[事例の法人の場合]

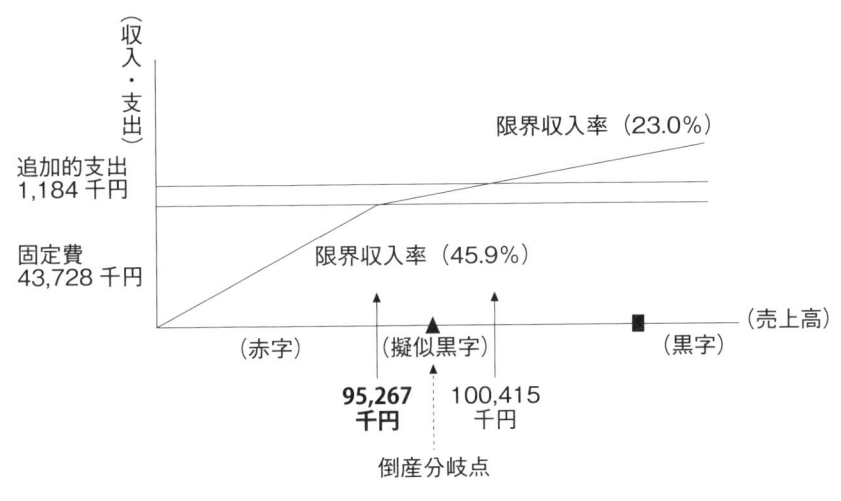

(収入・支出)

追加的支出
1,184 千円

固定費
43,728 千円

限界収入率（23.0%）

限界収入率（45.9%）

（赤字） （擬似黒字） （黒字）　（売上高）

95,267 千円　100,415 千円

倒産分岐点

▲　倒産分岐点売上高　97,267千円
■　事例会社の売上高　183,553千円

[悪い「参考事例」の場合]

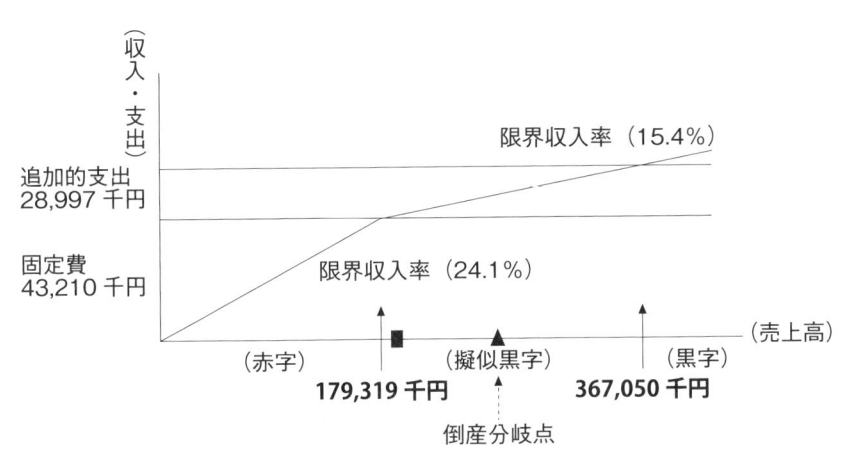

(収入・支出)

追加的支出
28,997 千円

固定費
43,210 千円

限界収入率（15.4%）

限界収入率（24.1%）

（赤字） （擬似黒字） （黒字）　（売上高）

179,319 千円　367,050 千円

倒産分岐点

▲　倒産分岐点売上高　273,184千円
■　事例会社の売上高　185,522千円

3 簡略な設例による概要把握

損益分岐点分析と収支分岐点分析を一体的に行うことを説明してきたが、ここであらためて簡便な設例を設け再確認する。

(1) 設 例
ジュースの自動販売機がある。
固定費は100円である。
ジュース1本の販売単価は100円である。
ジュースの仕入値は80円である。
追加的支出は20円である。

(2) 損益分岐点分析

$$限界利益率 = \frac{売上高 - 変動費}{売上高}$$

$$= (100 - 80) \div 100 = 0.2$$

$$損益分岐点 = \frac{固定費}{限界利益率}$$

$$= 100 \div 0.2 = 500円 \quad ジュース5本分$$

損益分岐点売上はジュース5本分の500円である。

(3) 収支分岐点分析(その1) 税負担を考慮しない場合

$$損益分岐点の売上高 + \frac{追加的支出額}{限界収入率}$$

$$= 500 + (20 \div 0.2)$$
$$= 500 + 100$$
$$= 600円 \quad ジュース6本分$$

収支分岐点売上はジュース6本分の600円である。

(4) 収支分岐点分析(その2) 税負担を考慮した場合

$$損益分岐点の売上高 + \frac{追加的支出額}{変更後の限界収入率}$$

変更後の限界収入率 = 限界収入率 × (1 - 法人税等負担割合)
$$= 500 + 20 \div (0.2 \times (1 - 0.5))$$
$$= 500 + 20 \div 0.1 = 500 + 200$$
$$= 700円 \quad ジュース7本分$$

収支分岐点売上はジュース7本分の700円である。

(5) 倒産分岐点

倒産分岐点は損益分岐点売上と収支分岐点売上の中間点のジュース6本分の600円の点である。

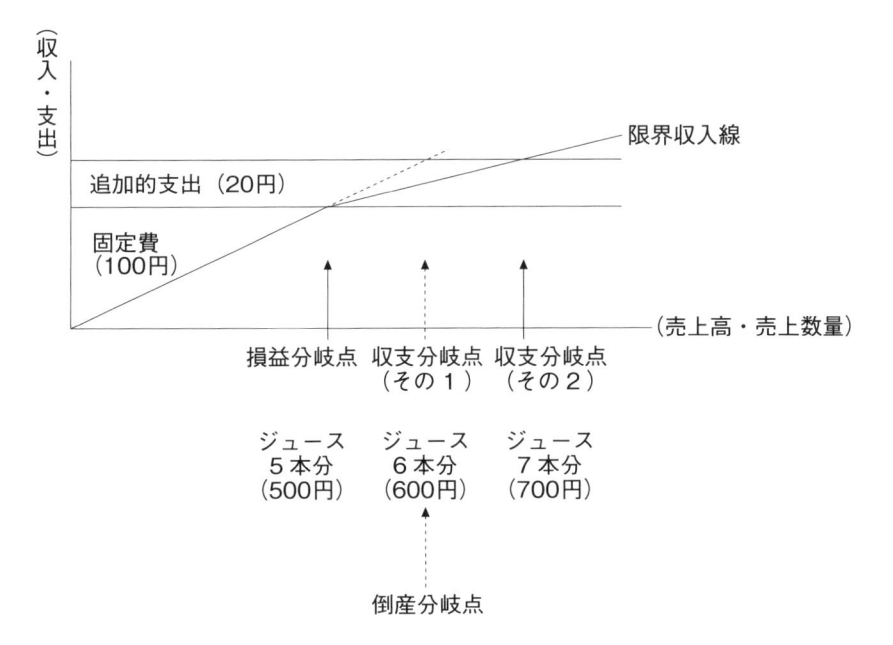

[損益分岐点・収支分岐点・倒産分岐点の概要図]

(収入・支出)

限界収入線

追加的支出（20円）

固定費（100円）

(売上高・売上数量)

損益分岐点　収支分岐点　収支分岐点
　　　　　　（その１）　（その２）

ジュース　　ジュース　　ジュース
５本分　　　６本分　　　７本分
（500円）　（600円）　（700円）

倒産分岐点

第Ⅱ部

経営改善の進め方

第1章
作目別付加価値分析の実施

1　交付金等の組換え

(1) 農業における交付金等の収入

国内農業の競争力強化、体質強化の観点から、国は農家に対してさまざまな支援策を講じている。そして、これらに取り組む意欲ある農家に対して各種の交付金が交付される。これは農業経営に特徴的なもので、工業その他の業種と大きく異なるところである。

一般の付加価値分析では、交付金等は付加価値の項目には含めない。しかし、農業経営の付加価値分析をする際に交付金等を含めないとかえって指針を誤ることになる。国が行っている農業支援策のなかで、自社がどのような選択をするか、その判定をするためのカナメとなるからである。

(2) 交付金の会計処理上の区分

国からの交付金等には価格補填交付金、作付助成交付金、建物等建設補助金、利子補給、一般補助金がある。

このうち価格補填交付金は売上単価の補正の意味があるので収益項目とし、作付助成交付金も収益補償の意味合いが強いことから収益項目とする。利子補給やその他の一般補助金については営業外損益の雑収入とする。

建物等建設補助金は建物建設に係る特別かつ一時的な補助金であることから、特別損益の項目に区分すべきである。

(3) 収益項目の把握と組換え

決算書項目の内訳を把握し、交付金等の種類に応じて区分する。そのうえで作目別の付加価値分析の目的に沿うように損益計算書の組換えを行う。

> **次頁の法人の場合**
>
> 営業外収益に計上されている交付金・価格補填交付金と交付金・作付助成交付金は売上高項目に組み換える。また、雑収入のなかに含まれている水稲、大豆に係る作付助成金3,208,919円を売上高項目に組み換え、それ以外の金額3,251,284円についてはそのまま営業外収益の部とする。
>
> 特別損益の部に計上されている交付金・建物等建設補助金はそのまま特別損益の項目とする。

［交付金等の組換え］

（単位：円）

損益計算書		科目	No	組換え前 金額			No	組換え後 金額
営業損益	売上高	農産物売上高	33	160,917,475				160,917,475
		作業受託売上高	34	22,635,862				22,635,862
				0	交付金・価格補填交付金		59	22,158,928
				0	交付金・作付助成交付金		60	36,795,618
					雑収入（その一部）		62	3,208,919
		計	35	183,553,337				245,716,802
	売上原価	仕入高	36	7,868,576				7,868,576
		当期製品製造原価	37	155,224,309				155,224,309
		売上原価	38	163,092,885				163,092,885
		売上総利益	39	20,460,452				82,623,917
	販売費及び一般管理費	役員報酬	40	32,400,000				32,400,000
		福利厚生費	41	596,747				596,747
		保険衛生費	42	2,429,957				2,429,957
		通信費	43	345,907				345,907
		荷造運賃	44	958,020				958,020
		旅費交通費	45	7,900				7,900
		広告宣伝費	46	31,500				31,500
		交際接待費	47	175,150				175,150
		研修費	48	317,000				317,000
		事務用品費	49	297,482				297,482
		新聞図書費	50	34,500				34,500
		租税公課	51	4,962,440				4,962,440
		諸会費	52	348,367				348,367
		支払手数料	53	1,675,029				1,675,029
		雑費	54	1,618,459				1,618,459
		計	55	46,198,458				46,198,458
		営業損益計	56	−25,738,006				36,425,459
営業外損益	営業外収益	受取利息	57	17,493				17,493
		受取配当金	58	128,296				128,296
		交付金・価格補填交付金	59	22,158,928	組換え			0
		交付金・作付助成交付金	60	36,795,618	組換え			0
		受取共済金	61	1,275,932				1,275,932
		雑収入	62	6,460,203	一部組換え			3,251,284
		計	63	66,836,470				4,673,005
	営業外費用	支払利息	64	663,370				663,370
		その他の営業外費用	65	0				0
		計	66	663,370				663,370
		営業外損益計	67	66,173,100				4,009,635
		経常利益	68	40,435,094				40,435,094
特別損益	特別利益	交付金・建物等建設補助金	69	4,865,900	そのまま			4,865,900
		経営基盤強化準備金取崩額	70	19,284,000				19,284,000
		固定資産売却益	71	0				0
		計	72	24,149,900				24,149,900
	特別損失	経営基盤強化準備金繰入額	73	36,500,000				36,500,000
		固定資産圧縮損	74	22,583,995				22,583,995
		計	75	59,083,995				59,083,995
		特別損益計	76	−34,934,095				−34,934,095
		税引前当期利益	77	5,500,999				5,500,999
		法人税及び住民税	78	1,150,000				1,150,000
		当期利益	79	4,350,999				4,350,999
		前期繰越利益	80	8,773,515				8,773,515
		当期剰余金	81	13,124,514				13,124,514

2　変動費と固定費の区分

(1) 外部購入費用の区分と組換え

農業に特徴的な項目の組換えを行った後、付加価値分析のための区分と組換えを行う。

付加価値とは、その企業が原材料など外部から購入した生産諸要素に自らの手を加え新たに生産した、あるいは付加した、あるいは創出した価値をいい、その算式は次のようになる。

> 付加価値＝売上高－外部購入費用（前給付費用）

まず、費用項目を外部購入費用とそれ以外のものに区分する。外部購入費用とは種苗費、肥料費、農薬費、諸材料費、作業委託費、動力光熱費、農具費、修繕費、共済掛金、賃借料、支払地代、作業用衣料費、減価償却費等、経営の外部から購入した費用をいう。

賃金手当、法定福利費、役員報酬は付加価値を構成するものであって外部購入費用ではないのでこれらのなかには含めない。

(2) 変動費と固定費の区分

次に、外部購入費用を売上高に連動するものと連動しないもの、すなわち変動費と固定費に区分する。「第4章　損益分岐点分析」でも述べたように、農業法人の分析においては区分の基準を「売上の増減」ではなく「生産規模の増減」とする。

「生産規模の増減」により変動する費用となるので、種苗費等の材料費などは変動費に区分される。

固定費は生産規模の増減に連動することなく固定的にかかる費用である。販売費及び一般管理費は固定費とする。

(3) 労務費の扱い

労務費は付加価値分析における外部購入費用とはならないので、付加価値算出後の費用の欄に組み換える。

[変動費と固定費の区分]

(単位：円)

損益計算書 科目	No	組換え後 金額		外部購入費用 (変動費)	外部購入費用 (固定費)	給与・その他
農産物売上高	33	160,917,475				
作業受託売上高	34	22,635,862				
交付金・価格補填交付金	59	22,158,928				
交付金・作付助成交付金	60	36,795,618				
雑収入（その一部）	62	3,208,919				
計	35	245,716,802				
仕入高	36	7,868,576		7,868,576		
（製造原価報告書）						
期首原材料棚卸高	82	2,027,073		2,027,073		
種苗費	83	2,470,211		2,470,211		
肥料費	84	13,008,679		13,008,679		
農薬費	85	13,692,513		13,692,513		
諸材料費	86	4,976,195		4,976,195		
期末原材料棚卸高	87	1,556,421		－1,556,421		
計	88	34,618,250				
賃金手当	89	0	区分変更			
法定福利費	90	0	区分変更			
計	91	0				
作業委託費	92	7,862,216		7,862,216		
動力光熱費	93	10,051,395		10,051,395		
農具費	94	1,918,830		1,918,830		
修繕費	95	12,222,355		12,222,355		
共済掛金	96	2,552,476		2,552,476		
賃借料	97	5,764,956			5,764,956	
支払地代	98	22,678,590		22,678,590		
作業用衣料費	99	530,716		530,716		
減価償却費	100	9,318,485			9,318,485	
計	101	72,900,019				
製造経費計	102	107,518,269				
期首仕掛品棚卸高	103	1,565,310		1,565,310		
期末仕掛品棚卸高	104	2,479,100		－2,479,100		
当期製品製造原価	105	106,604,479				
売上原価計	38	114,473,055				
売上総利益	39	131,243,747				
賃金手当	89	39,666,103	区分変更			39,666,103
法定福利費	90	8,953,727	区分変更			8,953,727
役員報酬	40	32,400,000	区分掲記			32,400,000
その他販売費及び一般管理費計	55-40	13,798,458			13,798,458	
営業利益	56	36,425,459				
受取利息	57	17,493				
受取配当金	58	128,296				
交付金・価格補填交付金	59	0				
交付金・作付助成交付金	60	0				
受取共済金	61	1,275,932				
雑収入	62	3,251,284				
計	63	4,673,005				
支払利息	64	663,370				
その他の営業外費用	65	0				
計	66	663,370				
営業外損益計	67	4,009,635				
経常利益	68	40,435,094				
特別損益計	76	－34,934,095				
税引前当期利益	77	5,500,999				
法人税及び住民税	78	1,150,000				
当期利益	79	4,350,999				
前期繰越利益	80	8,773,515				
当期剰余金	81	13,124,514		99,389,614	28,881,899	81,019,830

3　作目別展開

(1)　作目別展開の必要性

付加価値分析をし、経営改善に資するようにするには売上高や変動費などを作目別に分類し、どの作目が有利でありどの作目に問題があるかを探る必要がある。その場合、作付面積、投入した労働時間等のデータも必要となる。

(2)　売上高の区分

売上高は米、麦、大豆など、なるべく最小の単位で区分することが望ましい。売上高の区分と同時にこの区分ごとに作付面積、作業時間などを把握し、一覧表として整理する。

(3)　交付金等収入の区分

価格補填交付金や作付助成交付金などを作目ごとに区分する。これらの収入を作目別に区分して採算計算に組み入れるのは、国が行っている農業支援策のなかで自社がどのような選択をするかといった判断材料を得るためで、農業経営では重要な要素となる。

(4)　変動費の区分

種苗費、肥料費、農薬費等の変動費に属する科目は使用目的がはっきりしており、直接的に区分可能なものが多い。しかし、肥料や農薬を複数の作目にまたがって散布するなどした場合は作付面積で按分するなどの方法をとる。トラクター作業の燃料費なども時間または面積により按分することになる。支払地代は面積按分が可能である。

(5)　固定費の区分

減価償却費については、大豆コンバインなど特定の作目に使用されるものはその作目に区分し、トラクターなど複数の作目に共通して使用するものは時間または面積により按分することになる。

(6)　労務費の区分

労務費は作目別時間や作業項目別時間により区分することになる。作業日報をつけるというのは現場管理で最も徹底しにくくむずかしい項目といわれている。作業日報の作成を徹底してほしい。

(7)　販売費及び一般管理費は区分しない

作目ごとに区分するのは、原則として生産原価に属する費用項目までである。販売費及び一般管理費項目、営業外損益項目、特別損益項目の費用等は稼得した利益で総体的に負担すべき間接的費用と考える。ただし、役員報酬の科目であっても具体的な作業に従事している場合は、作目別に区分すべきである。

[作目別展開]

作目			米	麦	大豆	カブ	作業受託	焼土加工	共通	計
面積（ha）			119	15	30	1	14	0		179
作業時間			18,145	1,186	3,059	1,533	943	154	374	25,394

科目	No	金額（円）	米	麦	大豆	カブ	作業受託	焼土加工	共通	計
売上高										
農産物売上高	33	160,917,475	152,979,574	1,351,721	3,005,276	3,580,904				160,917,475
作業受託売上高	34	22,635,862					19,971,592	2,664,270		22,635,862
交付金・価格補填交付金	59	22,158,928	15,079,897	1,757,782	5,321,249					22,158,928
交付金・作付助成交付金	60	36,795,618	18,163,000	7,186,363	11,446,255					36,795,618
雑収入（その一部）	62	3,208,919	489,800	0	2,554,119	165,000				3,208,919
計	35	245,716,802	186,712,271	10,295,866	22,326,899	3,745,904	19,971,592	2,664,270	0	245,716,802
変動費										
仕入高	36	7,868,576	7,868,576							7,868,576
期首原材料棚卸高	82	2,027,073	1,385,211	452,100	189,762					2,027,073
種苗費	83	2,470,211	1,890,898	239,377	240,000	99,936				2,470,211
肥料費	84	13,008,679	10,286,385	1,718,635	475,979	395,380	132,300			13,008,679
農薬費		13,692,513	12,234,142	251,289	1,011,337	195,745				13,692,513
諸材料費	86	4,976,195	3,174,982	138,593	336,498	15,463	1,049,801	260,858		4,976,195
期末原材料棚卸高	87	-1,556,421	-1,152,452	-243,811	-160,158					-1,556,421
作業委託費	92	7,862,216	6,014,236	1,341,477			506,503			7,862,216
動力光熱費	93	10,051,395	6,375,068	804,933	1,623,973	64,395	756,637	426,389		10,051,395
農具費	94	1,918,830	1,125,330	87,973	436,128	23,846	123,352	122,201		1,918,830
修繕費	95	12,222,355	7,990,029	1,941,871	1,311,066	72,601	906,788	0		12,222,355
共済掛金	96	2,552,476	445,836	773,328	1,312,004	730	8,290	12,288		2,552,476
支払地代	98	22,678,590	16,334,250	2,069,078	4,104,603	170,659	0	0		22,678,590
作業用衣料費	99	530,716	309,210	39,168	77,701	13,521	36,710	54,406		530,716
期首仕掛品棚卸高	103	1,565,310		1,565,310						1,565,310
期末仕掛品棚卸高	104	-2,479,100		-2,479,100						-2,479,100
計		99,389,614	74,281,701	8,700,221	10,958,893	1,052,276	3,520,381	876,142	0	99,389,614
変動費控除後利益		146,327,188	112,430,570	1,595,645	11,368,006	2,693,628	16,451,211	1,788,128	0	146,327,188
固定費										
賃借料	97	5,764,956	3,841,220	481,251	954,698	679	475,693	11,415		5,764,956
減価償却費	100	9,318,485	5,967,491	554,035	1,289,949	59,801	736,458	710,751		9,318,485
販売費及び一般管理費（共通）	55-40	13,798,458							13,798,458	13,798,458
計		28,881,899	9,808,711	1,035,286	2,244,647	60,480	1,212,151	722,166	13,798,458	28,881,899
固定費控除後利益		117,445,289	102,621,859	560,359	9,123,359	2,633,148	15,239,060	1,065,962	-13,798,458	117,445,289
労務費										
賃金手当	89	39,666,103	28,342,972	1,852,564	4,778,239	2,394,587	1,472,991	240,552	584,198	39,666,103
法定福利費	90	8,953,727	6,397,786	418,174	1,078,580	540,524	332,494	54,299	131,870	8,953,727
役員報酬	40	32,400,000	23,151,059	1,513,208	3,902,953	1,955,942	1,203,166	196,487	477,185	32,400,000
計		81,019,830	57,891,817	3,783,946	9,759,772	4,891,053	3,008,651	491,338	1,193,253	81,019,830
労務費控除後利益		36,425,459	44,730,042	-3,223,587	-636,413	-2,257,905	12,230,409	574,624	-14,991,711	36,425,459

4　作目別付加価値の判定

(1) 区分の仕方

作目別付加価値額は、変動費控除後利益、固定費控除後利益、そして労務費控除後の利益として順次算出する。

この場合、変動費控除後で赤字のものを「真性赤字」といい、変動費控除後は黒字であるが固定費及び労務費を控除した後では赤字のものを「擬似赤字」という。

固定費及び労務費控除後でも黒字のものを「黒字」という。

作目別付加価値額を算出することによって、他の作目に抜きん出てよいもの、そして悪いものなどその実態が明確に浮かび上がってくる。

(2) 作目別付加価値の三つの区分

① 変動費控除後利益

変動費控除後利益とは売上高から種苗費、肥料費、農薬費、諸材料費等の変動費を控除した後の利益額である。この段階で赤字であれば文字どおりの赤字で、直接的な費用の額も捻出できない作目ということになる。

② 固定費控除後利益

固定費控除後利益（労務費控除前）とは変動費控除後の利益から区分可能な固定費、たとえば修繕費や減価償却費等の費用を控除した段階の利益である。この利益額は労務費支払の原資になる利益である。

③ 労務費控除後利益

固定費控除後利益からさらに労務費を控除し、その利益額を算出する。この段階の利益の額は、種苗費も修繕費も労務費もすべて控除した後の利益である。作目ごとの分析の最終的な結果となる。

(3) 「真性赤字」「擬似赤字」「黒字」の判断

「真性赤字」とは種代や肥料代など直接的にかかる費用さえもカバーできない作目である。この作目は直ちにやめるべきである。

「擬似赤字」の作目は継続するか否か判定がむずかしいところである。固定費の全額はカバーできないまでもその一部はカバーできているからである。何かよい代替作物が見つかればよいが、それがないまま廃止したら、一部とはいえこれまでカバーしていた固定費部分だけがマイナスとしてふえてしまう。

「黒字」とは文字どおり黒字のものである。すなわち変動費も固定費も労務費もカバーできる作目である。

[作目別付加価値の判定]

(単位:円)

作 目	米	麦	大豆	カブ	作業受託	焼土加工	共 通	計
売上高	186,712,271	10,295,866	22,326,899	3,745,904	19,971,592	2,664,270	0	245,716,802
変動費	74,281,701	8,700,221	10,958,893	1,052,276	3,520,381	876,142	0	99,389,614
変動費控除後利益	112,430,570	1,595,645	11,368,006	2,693,628	16,451,211	1,788,128	0	146,327,188
第一次判定	黒字	黒字	黒字	黒字	黒字	黒字		
固定費	9,808,711	1,035,286	2,244,647	60,480	1,212,151	722,166	13,798,458	28,881,899
固定費控除後利益	102,621,859	560,359	9,123,359	2,633,148	15,239,060	1,065,962	-13,798,458	117,445,289
労務費	57,891,817	3,783,946	9,759,772	4,891,053	3,008,651	491,338	1,193,253	81,019,830
労務費控除後利益	44,730,042	-3,223,587	-636,413	-2,257,905	12,230,409	574,624	-14,991,711	36,425,459
第二次判定	黒字	赤字	赤字	赤字	黒字	黒字		
総合判定	黒字	擬似赤字	擬似赤字	擬似赤字	黒字	黒字		

5　作目別時間単価の算出

(1)　作目別時間単価の算出

作目別の付加価値額（労務費控除前）が算出されたところで、その額をその作目の栽培等に要した時間数で除して作目別の時間単価を算出する。時間単価の算出により作目別の採算性をより明確に認識することができる。

その時間単価が労務費を支払うために十分な額か、間接的な費用をまかなうために十分な額か、全体の作目のなかでどのような位置を占めているかなど、今後の生産のあり方を検討するための重要な資料となる。

(2)　目からウロコ

次頁の法人の場合、麦の時間単価が1,000円以下の472円と大変悪い。同じ転作作物の大豆の単価2,982円と比較しても非常に悪いことがわかる。

一方、作業受託の単価は16,160円、焼土加工の単価は6,921円と非常によいことがわかる。カブについては時間単価が1,717円である。

(3)　国際比較が可能

農産物も工業製品と同様に国際的な貿易商品となってきており、採算性を時間単価でみることが不可欠となる。生産拠点の海外展開や労働力の移入などもすべてこの時間単価のなかで判定されている。

次頁の法人の場合

全社の平均時間単価は4,624円である。この平均値を上回っているのが米、作業受託、焼土加工である。平均値を下回っているのが麦、大豆、カブである。

とりわけ麦の単価が悪く472円となっており、その原因究明と対策が求められる。

農業改良普及員、農協の経営指導員を交え、栽培技術、圃場の土質、作業時間の季節的変動などについて総合的に検討しなければならない。

コラム

バザールの米は1kg200円

友人の海外協力隊員を頼ってトルコへ小麦をみに行った。乾燥した大地が続いていて、目立つのは果樹園である。大変な農業国らしく、日本から派遣された農業技術者の説明では、トルコがEUに加盟できない理由のひとつが、農業国であるフランスの反対が強いからだそうだ。

小麦をみに行ったつもりだがどうしても米が気になり、バザールで探してみるとちゃんとあった。しかし、値段はなんと1kg200円だった。米はトルコ北部の黒海沿岸が産地で高級食材でもある。

農産物が貿易商品として扱われることが多くなり、何かにつけ国際比較が気になる。

[作目別時間単価の算出]

作目	米	麦	大豆	カブ	作業受託	焼土加工	共通	計
経営面積 (ha)	119	15	30	1	14	0		179
作業時間	18,145	1,186	3,059	1,533	943	154	374	25,394

(単位:円)

	米	麦	大豆	カブ	作業受託	焼土加工	共通	計
売上高	186,712,271	10,295,866	22,326,899	3,745,904	19,971,592	2,664,270	0	245,716,802
変動費	74,281,701	8,700,221	10,958,393	1,052,276	3,520,381	876,142	0	99,389,614
固定費	9,808,711	1,035,286	2,244,647	60,480	1,212,151	722,166	13,798,458	28,881,899
変動費、固定費計	84,090,412	9,735,507	13,203,540	1,112,756	4,732,532	1,598,308	13,798,458	128,271,513
変動費、固定費控除後利益	102,621,859	560,359	9,123,359	2,633,148	15,239,060	1,065,962	−13,798,458	117,445,289
時間単価	5,655	472	2,982	1,717	16,160	6,921		4,624

6 生産工程別付加価値分析

(1) 「いつ」がよいか

ある農家さんから「米はいつ儲けさせてくれますか」との質問を受けたことがある。苗を育て、植え付けし、育成し、収穫して販売するという過程のなかのどの時点で価値が増加するのかという趣旨の質問だった。

「何がよいか」の次に「いつ」、すなわち作目別の採算に加え、その作目の生産工程別採算性の分析も必要になる。

(2) ベンチマーク方式の応用

これを検討する方法としてベンチマーク方式がある。これは自社の指数値を他社と比較し、その内容を分析するもので、トヨタ生産方式を支えた基本的な手法の一つといわれている。

稲について考えてみると、稲作の作業区分ごとに市町村の農業委員会が提示する標準料金が設定されている。また、農家ではその作業区分ごとの仕事を個別に請け負っていることもある。そこでこれと比較することにより稲の生育過程ごとの付加価値の増加額が算出できる。

(3) 稲作の場合

① 作業ごとの区分

作業区分ごとの収入金額がわかるので、これに対応する費用を区分することによって作業工程別の利益額が算出できる。これによると工程の段階で、最も収益性が高いのは刈取作業であり、次が乾燥調製作業であることがわかる。その一方で稲を育成する途中の段階は、採算性が非常に悪くマイナスとなっている。

② そこでの作戦

利用権を設定し全面受託すると、地代が発生し、肥料農薬の散布、期間中の草刈作業など管理作業が増加し採算性が悪化する。

このことから稲作を行う場合には、部分作業受託にとどめておくのが最も採算性がよく、全面受託し稲作を行う場合は、採算性の高い育苗作業、乾燥調製作業は内製し外注化しないという方針にすべきである。

> **次頁の法人の場合**
>
> 刈取作業が11,245円と最も利益のあがる作業である。次いで乾燥調製、育苗と続く。基幹作業の請負が有利であることがわかる。

[作業項目別の稲作の利益（10a当り）]　　　　　　　（単位：円）

項　目	作業項目	収入高	費　用	差引利益	割合（%）
作業料金	育　苗	18,400	16,358	2,042	9.7
	耕起、代かき、田植	19,800	20,307	−507	−2.4
	刈取り	23,000	11,755	**11,245**	53.7
	乾燥調製	16,000	7,835	8,165	39.0
	計	77,200	56,255	20,945	100.0

| 育成価値 | 販売代金−作業料金 | 54,550 | 70,126 | −15,576 | |
| 計 | 販売代金 | 131,750 | 126,381 | 5,369 | |

第2章
非財務的切り口による改善策の模索

1　改善へのエネルギー

(1)　改善に向けて「悩む」こと

　経営比率分析、キャッシュフロー分析、損益分岐点分析、収支分岐点分析そして作目別付加価値分析を行い、経営状況の把握と問題点の発見に努めてきた。しかし、これらの分析比率を掲示し、問題点を発見したとしても改善にはつながらない。

　経営改善をするには、これとは別に改善に向けた新たなエネルギーが必要となる。それは経営改善に向けた経営者の思い、従業員の思い、そしてこれをまとめる外部の協力者の思いである。

　その改善に向けたエネルギーを見出し、整理するための手段が非財務的切り口といわれる。先に検討した経営分析の各種の分析結果を基礎資料とし、具体的な改善目標を設定し取り組むことは同時に関係するすべての人がともに「悩む」ことでもある。

(2)　検討方法としての七つの切り口

　目標とする改善課題にはさまざまなものがある。収益改善、財務体質の改善、コスト削減、新製品開発、新分野進出、販路拡大等である。そしてこれらの項目のさらに細分化された具体的な課題がある。

　このように問題点を探り改善策の検討を進めるには、改善会議の参加者が自らの頭で思考を重ねる以外に方法はない。徹底的に討議を重ね改善策を模索するのである。

　ただ、ここで漫然と議論していても効果的な改善策は生まれるはずもなく、議論のための有効な切り口が必要となる。これが非財務的切り口（定性分析）である。これらの切り口は経営管理の手法でもあり、代表的なものとして次の七つの手法があげられる。

① 　人、物、金、情報
② 　生産力、販売力、企画力
③ 　コンセプト、ターゲット、ルート、ツール
④ 　現地、現場、現物主義
⑤ 　いつ、どこで、だれが、何を、なぜ、どうするか
⑥ 　天、地、人、法、道
⑦ 　PLAN、DO、SEE

(3)　「味噌加工を始めたい」を事例として

　この章で取り上げる改善に向けた課題は新規に「味噌加工を始めたい」である。この課題に向けて、「人、物、金、情報」の項目から順次検討していく。

[七つの切り口]

切り口	項　目	概　要
①	人、物、金、情報	人的資源、物的資源、資金力、情報収集力はどうか
②	生産力、販売力、企画力	生産力はどうか 販売力、企画力はどうか 販売力、企画力がなければ企業の成長は望めない
③	コンセプト、ターゲット、ルート、ツール	CTRTと略称される 新たな商品の開発、新たな品種の開発、新たな販路の開拓に取り組む場合、そのコンセプト等を明確にしようというもの
④	現地、現場、現物主義	「百聞は一見にしかず」といわれる 経営診断、改善においても現地をみる、現場をみる、現物をみるといった作業が欠かせない
⑤	いつ、どこで、だれが、何を、なぜ、どうするか	いつ、どこで、だれが、何を、なぜ、どうするか このように５Ｗ１Ｈで見直すと、実行に向けての具体策が明確になる。改善に向けた具体的行動を促すものである
⑥	天、地、人、法、道	孫子、呉子、老子など中国の道家の「原理の追求の仕方」 物事はすべて変化するものととらえており、己を離れて見つめ直すのに向いている 特に新規事業の開始時に「岡目八目」で計画を見直してみるのによい
⑦	PLAN、DO、SEE	それぞれの改善項目に対して、計画を立案し進行度合いを把握しさらに改善する必要がある 計画の種類、見直しの頻度、反省のための検討会など

2　人、物、金、情報

　ここでは検討課題を人、物、金、情報という四つの要素に分けて調べ、そのうえで改善を促す。これらの要素は経営を構成する最も重要な基礎的な要素とされ、経営改善に向けて問題点を掘り起こす場合に第一に取り上げるべき項目となる。

(1) **人**

　「経営は人なり」といわれる。その人という要素を区分し要素ごとに検討する。年齢層、性別があり、管理階層としての代表者、幹部社員、一般社員、家族従業員別がある。携わる仕事の内容から生産工程、製造工程、販売工程などの工程別の人員区分も検討要因となる。また、最近の労働力の流動化からその人の身分をみるものとして常用、パート、アルバイト、派遣、社内外注、研修生なども検討範囲となる。その一方で人のもつ意欲、技術力、指導力が問題となり、さらには社内の自己啓発や教育訓練体系が問われることになる。

(2) **物**

　物というのは物的資源の側面から考えるものである。建物、機械、車両などの設備の状況、経過年数、設備間のバランス、遊休資産の有無などである。
　また、企業の立地場所、近隣都市との距離などもこの物的資源の要素に入る。

(3) **金**

　企業の資金状況を問うものである。現預金残高、短期借入金、長期借入金の残高、その返済予定額、金融機関からの調達余力等である。さらには役員の個人的資力も検討対象となる。
　次頁のような、「味噌加工を始めたい」という新規事業開始の場合には補助金の活用や新たな出資者の募集といった要素も考えられる。
　設備資金、運転資金などの使途別の検討も必要となる。

(4) **情報**

　現代は情報社会といわれる。新技術の情報、新商品の情報、先進的経営体の情報が重要となる。情報収集の手段としてのネットワークはもちろん、情報の分析力、管理力が問われる。
　次頁の場合、消費者情報の収集が大事であるとの提案がなされている。

[人、物、金、情報]

	味噌加工を始めたい
人	① 担当者をだれにするか ② 忙しいときに人数を確保できるか ③ 味噌の加工技術をもっているか ④ 売るのはだれか ⑤ うまく宣伝できる人がいるか ⑥ 得意先の管理などできる人がいるか
物	① いまある納屋の改造で可能か ② 生産設備として何が必要か ③ 製品の保管場所も確保しなければならない ④ 配達のための運搬具もいる ⑤ 原材料の調達はどうするか ⑥ 大豆は自社生産のものを使う ⑦ 麹はどうするか ⑧ 塩はどこのを使うか ⑨ 袋のデザインはどうするか ⑩ 保健所の許可がいるのではないか
金	① 追加投資の資金手当はどうするか ② 運転資金はいくらいるか ③ 売掛金の回収をどう考えるか ④ 補助金の活用ができないか ⑤ 出資者を募れないか
情報	① 味噌の需要は減っていないか ② 消費者の満足度をどのようにみていくか ③ ライバル会社が近くにないか ④ 売れない時期の分析とその対処策は ⑤ 物流はどのようになっているか ⑥ 技術情報、販売情報、顧客情報を集めたか ⑦ 近くのスーパーへ見に行こう ⑧ 消費動向や景気動向はどのようになっているか

3　生産力、販売力、企画力

　ここでは経営改善に向けて生産力、販売力、企画力という観点から分析、検討する。生産し、販売に結びつけるには企画という観点が欠かせない。「企画なくして販売なし」、「販売なくして生産なし」といわれる。

(1) 生産力

　生産力とは物をつくる力をいう。これは数量を確保する力、納期に間に合わせる力、品質を保証する力、顧客に届ける力である。

　具体的には生産する技術力であり、設備能力、原料の調達能力である。

　次頁では既存の納屋を改造して使うという案が出ている。遊休資産を活用するという観点は非常に大事である。

(2) 販売力

　どこへ、どのようにして、いくらで売るか。販売先、販売ルート、販売形態などを検討する。農産物の販売ルート、販売形態は大変多様化している。

　次頁の場合、自社の作業場、直売所、道の駅、インショップなどの販売ルートが検討され、販売形態としても小売、卸、委託販売などが検討されている。近年携帯端末の普及によりネット市場が急拡大しているが、次頁の場合でもインターネット販売が検討されている。

(3) 企画力

　企画力とは商品販売に向けて売れる仕組みを考え推進する力である。そこでは商品に対する興味力、創造力、情報力、行動力、提案力、実行力が問われる。

　企画立案は大変重要なポイントだがなかなかむずかしい。しかし、企画を意識し立ち向かわなければ、業務全体が停滞し、業績が悪化してしまう。常に考え続けることが必要である。生産力を上回る販売力、販売力を上回る企画力が望まれる。

　次頁の場合では、少子化、高齢化、一人世帯の増加などを視野に入れた商品開発、味噌づくり体験教室など消費者参加型の企画が提案されている。

[生産力、販売力、企画力]

		味噌加工を始めたい
生産力	①	いまある納屋の改造で大丈夫か
	②	新しく加工場を建てなくてよいか
	③	どんな機械が必要か
	④	販売目標に対する機械の処理能力はどうか
	⑤	技術力は大丈夫か
	⑥	従業員の投入人数、安全、安心の説明ができるか
	⑦	大豆など原料の調達は大丈夫か
販売力	①	既存の顧客に勧める
	②	インショップや道の駅に置かせてもらう
	③	インターネット販売も目指す
	④	イベントでの対面販売などを心がける
	⑤	卸売りも検討する
	⑥	アンテナショップの設置を考える
企画力	①	味噌づくり体験教室
	②	味噌料理のアイデア募集
	③	200g、300gなど少量パッケージをつくる
	④	スティックタイプの味噌パックはどうか
	⑤	2年もの、3年ものなど商品ラインを多様化する
	⑥	味噌汁スタンドを設置する
	⑦	国内だけでなく世界中でも広めたい
	⑧	デザインが重要である
	⑨	味噌の効能の追求
	⑩	パッケージを工夫する
	⑪	加工場の見学会を行う

4　コンセプト、ターゲット、ルート、ツール

　コンセプト、ターゲット、ルート、ツールという切り口で考えるもので、CTRTと略称されている。
　特に商品開発や、販売促進について検討する場合に欠かせない項目となる。

(1)　コンセプト

　新たな商品の開発、新たな品種の開発、新たな販路の開拓を目指す場合、自社商品をどのようなものにするのか、多岐にわたり検討しなければならない。昨今世の中には商品やサービスがあふれている、そんななかで消費者に認めてもらうことは並大抵なことではない。どのようなコンセプトをもつかそれをどのように訴えるかである。
　次頁の場合、何よりも消費者の健康志向に応えられる商品開発を目指そうとしている。また、国内需要だけではなく海外の市場も視野に入れて商品開発をすべきとの提案がなされている。

(2)　ターゲット

　ターゲットとはどのような消費者を対象とするかということである。シニアか若年層か、都市住民か地方住民か、趣味や嗜好ではどの層か、予想される所得についてどのような層を対象とするかである。このようにさまざまな消費者のうちから目標とする客層を絞り込むのである。
　次頁では一つの需要形態である、お中元、お歳暮に目を向けようとの提案もなされている。

(3)　ルート

　ルートとはその客層にくいこむための具体的な道筋を見出す作業をいう。既存の顧客からの紹介、目標とする層に対するDMの発送、新聞等の広告・チラシ、ホームページでの紹介などがある。また、各種イベントにおける対面販売を通じ、個別的に顧客と接する方法もある。ただその道は一筋縄でいかず、「けもの道」をたどるごとく厳しいものである。
　次頁ではゆうパックやシャディ、クロネコヤマトなど全国的な流通、販売網をもつ組織を利用しようとの提案もなされている。

(4)　ツール

　ツールとはその目標とする客層にたどり着くための具体的な販売促進手段をいう。試食、おまけ、お試しセット、体験農業、手土産などである。

[コンセプト、ターゲット、ルート、ツール]

		味噌加工を始めたい
コンセプト	①	とにかく健康志向でいく
	②	大豆製品が体に与えるよい影響を訴える
	③	夏は辛い味噌、冬は体を温めるものとして季節にあわせる
	④	「侍フード」と命名し日本を発信する
	⑤	熟成味噌の健康維持機能を訴える
	⑥	何かオンリーワン商品を開発できないか
	⑦	定番品でない高額商品の開発ができないか
ターゲット	①	既存の米の顧客に売り込む
	②	地区の人に売り込む
	③	近くの団地の住民に売り込む
	④	お中元、お歳暮の需要に結びつけられないか
	⑤	学校給食、病院食としてはどうか
	⑥	世界の寒冷地へ売り込めないか
ルート	①	米の発送時に添付して案内する
	②	直売所、道の駅に置く
	③	イベント会場で試飲販売を心がける
	④	卸売先と折衝する
	⑤	インターネット販売を目指す
	⑥	ゆうパック、シャディ、クロネコヤマトの流通・販売ルートを開発する
ツール	①	試飲用小パックをつくる
	②	味噌の試食会を行う
	③	折込チラシ、PRポスター
	④	ダイレクトメールを送る
	⑤	新聞で発表をする
	⑥	イベントに参加し売り込む

5　現地、現場、現物主義

「百聞は一見にしかず」ということわざがある。経営改善に取り組む場合、まず該当事項について現地をみて、現場をみて、現物をみることが大切である。

現地に、現場に、そして現物には改善のためのいろんなヒントが隠されている。

(1) 現地主義

現地主義は、まずその現地へ行ってみることである。稲作農業の場合、現地とは作業場の場所、圃場のある場所である。圃場についてもその一部ではなくすべての圃場をみる。そこから、圃場の配置、地理的条件、移動にかかる手間や時間、圃場の区画整理の状況、水利の状況等がみえる。

次頁では、現地という概念のなかに消費者の購買現場であるスーパーの食品売り場をも想定している。

(2) 現場主義

現場主義は、実際に生産を行っているその現場をみることである。そこでは機械の配置はもちろん、稼動の状況、人の配置、材料の動き、製品の動きなど、生産に直結した現場の動きがみえる。

(3) 現物主義

現物主義は、製品の現物を手にとる、味わってみることである。そこでは匂い、味、色、温度、品質、量を体で感じとることができる。

このように生産現場を実際に訪問し、体感し確認することによって改善の糸口を探ることができる。

コラム

タイの農家は「稲刈り」をしない

　タイへ稲刈りに行って、農家の作業所をみて驚いた。日本の農機具メーカーの30馬力の新品のトラクターはあるが、それ以外は何もない。田植機もない、コンバインもない、乾燥機もない。

　農家の人と一緒についてきてくれたタイの農水省の職員に聞いたところ、タイの農家は「稲刈り」をしないことがわかった。

　どうするのか。種をまき、稲を育て、実った段階で業者に売ってしまう。田んぼの生い立ちのまま売却するのだ。

　タイの稲刈り風景というのが書籍に載っているが、大型コンバインでどうどうと稲刈りをしている風景だ。しかし、なんとそれは米穀業者で農家ではない。

　農業生産全体では見事な分業体制がとられているのを感じた。

[現地、現場、現物主義]

	味噌加工を始めたい
現地主義	① 加工施設の現地をみる ② 麹の加工場をみる ③ 大豆の栽培圃場をみる ④ 塩の生産地をみてくる ⑤ スーパーへ行って味噌の売り場をみてくる ⑥ 消費者の購買行動を観察する
現場主義	① 味噌加工をしている人の加工現場をみせてもらう ② 塩の生産地へ行って製塩作業をみてくる ③ 麹の加工現場をみてくる
現物主義	① いままでつくった自家用の味噌の試食をする ② 1年もの、2年ものがあればその試食もする ③ スーパーで味噌の種類、パッケージ、量目、価格を調べてくる ④ 特に価格帯別の商品点数を確認する ⑤ スーパーで買った味噌の試食をする

6 いつ、どこで、だれが、何を、なぜ、どうするか

　いつ、どこで、だれが、何を、なぜ、どうするかといった視点で見直す手法はアクションプランともいわれ「5W1H」と略称されている。
　経営改善に取り組む場合、その計画内容をこの手法で見直すと方向性がさらに具体的になる。

(1) い　つ
　実現に向けてのタイムスケジュールを検討する。計画の期間は課題に応じて1カ年計画、3カ年計画、5カ年計画などと設定される。また、1年を超える長期計画の場合、初年度だけは月ごとの詳細計画を立てることもある。

(2) どこで
　それぞれの行動をどこで行うかを決める。たとえば、「販売促進のためのイベントに参加する」という場合には、同一県内か、もう少し広域的か、はたまた東京、大阪などの都会地でのイベントに参加するのかを決める。

(3) だれが
　それぞれの検討項目について具体的にだれが担当するのかを決める。担当者は代表者なのか、従業員なのか、家族従業員なのか。また場合によっては外部の協力者に担当を依頼することも考えられる。

(4) 何　を
　改善目標をなし遂げるために何をすべきかを具体的に列記する。そして、その項目ごとに担当者を決めて推進する。

(5) な　ぜ
　取り組むべきことを詳細に決めても、その取組みの意義を理解したうえでなければ効果が薄れる。「なぜ」ということを問い返しながら改善に取り組まなければならない。

(6) どうするか
　さらに具体的にどのようなことをするのかを明確にする。「何年、何月、何日、地方の中核都市の産業展示場の会場で、異業種交流の展示会に参加する」という具合である。

[いつ、どこで、だれが、何を、なぜ、どうするか]

	味噌加工を始めたい
いつ	① 設定する項目は加工場の改修、機械の導入、原材料の手配、味噌の生産、販売企画、販売というように項目ごとに検討を進める ② 初年度は月ごとの計画とする ③ 味噌加工計画については5カ年計画とする
どこで	① 設置場所は自社敷地内とする ② 販路については数カ所を考えている ③ そのことをふまえ、当該地で宣伝活動を行う
だれが	① 総括責任者は代表者である ② 主たる担当者は取締役でもある代表者の妻である ③ 販売促進については代表者の知人のスーパーマーケットの仕入部長に相談する ④ 地元での販売促進についてはJAの経営指導員の協力を仰ぐ
何を	① 設定した項目ごとに計画を立てる ② 加工場の改修の打合せ ③ 機械の手配 ④ 保健所の許可の準備 ⑤ 販売チラシ、その他の検討など
なぜ	① 当初の理念を再確認しながら進める
どうするか	① 具体的行動予定を決める ② 活動の時期や内容に基づき、より詳細に計画を立てる

7 天、地、人、法、道

　天、地、人、法、道という観点から見直す手法は「批判的改善手法」ともいわれる。この方法は孫子、呉子、老子など中国の道家の原理の追求の仕方である。物事はすべて変化するものととらえるもので、己を離れて見つめ直すのに向いている。特に新規事業の開始時に「岡目八目」で計画を見直すのによい。
　懐疑的、批判的な見方ともいわれているが、同時に「孫子の兵法」に代表されるように戦争に勝つための条件分析でもある。

(1) 天
　天とは大局的に利があるかどうか問いかける。時代の流れはどうか、タイミングはどうかという観点から見直す。しかしその一方、自分に有利なら相手にも有利なはずで条件は変わるものではないとする。
　（天の利はあるか）

(2) 地
　地とは地理的条件、物理的条件はどうかを問いかける。企業の立地地点、その地点の地理的条件、気候的条件、経済地理的条件を問う。
　（地の利はあるか）

(3) 人
　人とは企業の人的条件を問いかける。代表者の人となり、従業員の人となり、年齢、性別、技能などの問題を問うことである。いまやろうとすることに対して、本当に大丈夫か批判的に問いかけてみる。
　（智謀、信義、仁義、勇気、威厳という意味ではどうか）

(4) 法
　法とは合法かどうか法的規制はどうかを問いかける。法については制定もあれば廃止もある。いずれの場合でも己に対して有利なことは競争相手にとっても有利に働くと認識すべきである。
　（軍隊では編成、規律、装備を問う）

(5) 道
　道とは人の道に反していないかを問いかける。取組みの姿勢が正しいかその理念を問いかけるものである。
　（それぞれの道に反していないか）

［天、地、人、法、道］

	味噌加工を始めたい
天	① すでに多くの人が行っているが遅くないか ② 味噌の消費は伸びていないのではないか ③ 味噌業界の景気状況はどうなのか ④ 新たな需要を開拓できるか ⑤ TPP、FTAなど社会情勢の変化はどうか ⑥ 本当に勝機はあるのか
地	① こんな辺鄙なところでよいのか ② 近くに先駆者がいるが ③ 施設は十分か ④ 直売所がたくさんできてしまったが
人	① その仕事を集中してやれる人がいるか ② 気が抜けていないか ③ 社長の独りよがりではないか ④ 製造に関する知識が十分か（売るとなるとまた違う） ⑤ 販売や企画のできる人がいるか
法	① 味噌販売にあたって何か制約はないか ② 食品衛生法やJAS法はどうなっているか ③ 許可がいるかどうか ④ 売れ残ったらどうするか
道	① 続けられるか ② 材料の表示は正しいか ③ 原産地表示は正しいか ④ 農業道を貫けるか ⑤ 産地偽装はもってのほかである

8 PLAN、DO、SEE

PLAN、DO、SEEとは経営を管理するための基本的な手法である。

計画を立て、実行し、そのうえで見直し、次の計画につなげるというものである。

経営改善に取り組む場合でも同じであり、改善計画の計画を立案し、実行し、そして見直し、次の改善へと取り組むのである。

(1) **PLAN**

PLANとは計画の立案である。計画の立案にあたっては改善の目的を理解し、目標を定め、そのうえで具体的な計画立案へと進む。その項目はできるだけ詳しいほうがよい。

計画の期間は1年、3年、5年と目的に応じて設定される。また、初年度だけは月次で計画を立案することもある。

(2) **DO**

DOとは計画に従って実行することをいう。その際どのように行われたか、その実績を把握することも意味する。

実績把握について部門別把握、作目別把握など必要に応じて詳細な実績把握を目指すことになる。

(3) **SEE**

SEEとは実績を把握したうえでその進捗状況、計画との乖離の状況を調べ、その内容に切り込んで分析するものである。

その分析結果をもとに次の計画へとつなげていくのである。関連各部署への報告も大事である。

コラム

中国の田植は「出たとこ勝負」

農業団体の視察団として、中国の遼寧省・瀋陽郊外の農家に田植えに行ってきた。そこでは新しいトラクター、古いトラクター、古い耕運機、それこそ農機具の博物館でないかと思われるくらいさまざまな機械を使っていた。

田んぼが乾燥しているため、田耕しの後は石ころがころがる河原のようだ。

村長さんは、「村中いっせいに田耕しをしても全部の田んぼに田植ができるとは限らない。用水路から水を引き田んぼに入れ、水が行き渡ったところまでがその年の田植が可能な範囲で、水の届かなかったところはほかの作物を植える」と説明してくれた。

中国は年間雨量が500mmと、水には大変苦労している。水稲とはよくいったものだ。豊かな恵みに感謝したい。

[PLAN、DO、SEE]

	味噌加工を始めたい
PLAN	① 実施計画の前に準備期間を設けたい ② 新分野進出について何か補助政策がないか検討したい ③ 生産計画、販売計画は5カ年計画としたい ④ 生産初年度については月次の計画を立てたい ⑤ 商品開発計画もつくりたい ⑥ まずは年間生産量5tを目指したい
DO	① 実績把握は現状のシステムを使い部門別損益として把握したい ② 月次での実績把握をする ③ 5カ年計画はエクセルデータで作成したい
SEE	① 実績が出たらなるべく早く検討会を開きたい

第3章

診断会議の進め方

1　経営改善の困難性

(1)　経営改善とは

　経営改善とは経営の仕組みを改め経営内容をよくすることである。経営内容をよくするとは、企業の収益性を高め、企業の財政状態をよくすることである。

　ところで経営改善という場合、それは外部のコンサルタントが外部からの圧力で経営内容を変えるといった意味合いでとらえがちである。しかし外部からの圧力で経営内容が変わるものではない。「経営が変わる」すなわち改善されるのはその企業の「経営者が変わる」、そして「従業員が変わる」ことである。

　しかしながら、長い経歴のなかで培われた経営者の意識と企業風土を「変えること」、言い換えて「変わってもらう」ことは容易ではない。経営改善とは経営者あるいは企業風土との戦いである。

(2)　各種の武器（手法）が必要

　経営改善を戦いと認識し、それを進めるにはさまざまな武器（手法）が必要となる。一方の手に経営比率分析、キャッシュフロー分析、損益分岐点分析、収支分岐点分析、作目別付加価値分析などの諸データをもち、もう一方の手には非財務的切り口といわれるさまざまな検討手法をもって経営改善の場面に立ち向かうのである。

(3)　改善に向けて

　経営改善は戦いだというものの、それは同時に経営者と一緒に悩みつつ目標とする解決策を見つけ出そうとする共同作業でもある。このような心構えのもと経営改善に向けて、チームの結成、事前準備、改善会議、事後のフォローと進めていく。

(4)　チームの結成と診断日程の確定

　改善に向けた準備の第一段階はチームの結成と診断会議日程の調整である。農業の経営診断の一つの特徴として、農業改良普及センター、農協、農業会議、市町村農業委員会など農家の指導機関が充実していることがあげられる。これらの機関の力を結集すべくチームを結成し、具体的な診断作業に入る。

[みんなで検討]

会　社
コンサルタント
経営者
※財務資料は作成ずみ

第3章　診断会議の進め方

2　診断の日程

(1)　全体の日程
　経営診断を行う場合の全体の日程は4段階に分けられる。チームの結成、事前準備、診断会議の開催、事後のフォローである。

(2)　チームの結成
　「三人寄れば文殊の知恵」ということわざがある。一人よりは二人、二人よりは三人なのである。対象となる企業の関係者をなるべく多く巻き込んで会議を開催すべきである。幸い農業については指導機関が多く、人材も豊富なので、この力を余すところなく発揮してもらうべく診断チームを結成する。

(3)　事前準備
　現地を訪問して診断会議を開始する前に、診断に向けて事前に準備を進める。特にチームリーダーになる人は当該企業の概要を把握すべく決算書を入手し、経営概況、業界あるいは業種に関する情報を収集する。そして簡単な経営比率分析など入手できた資料による分析を事前に行う。
　また、関係者間で現地における診断会議の日程を調整しなければならない。

(4)　診断会議の開催
　現地での診断会議は1週間おきにおおよそ4回くらいが適当である。緊張感を持続し、かつ課題について持ち帰って検討する時間を考えた場合、このように設定するのがよい。
　毎回の検討では、問題点を抽出し目標に向け解決策を積み上げるよう心がける。積み残した問題点については次回までの宿題とし、これらの項目が明確にわかるように毎回の会議の終了時にこれを示す。
　会議開催ごとに検討結果を積み上げ、最終回の会議で全体をまとめあげるようにする。そうすることで参加者全員が改善策を自らの課題として取り組むようになる。

(5)　事後のフォロー
　診断日程が終了した後、改善策の進捗状況をチェックし、何か問題点があれば新たな改善策を模索する。企業経営は改善の連続である。

[全体の日程]

		概　要
チームの結成		農業改良普及員、農協営農指導員 農業会議、市町村職員、金融機関職員など 関係機関の参加を募る
事前準備		決算書の入手と経営概況の把握 業界あるいは業種に関する情報を収集 日程の調整
診断会議の実施 (現地診断)	第1回目	リーダーの選出 企業実態の把握 問題点の聞き取り 問題点の明確化 診断目的のスローガン化 決定事項と次回までの検討項目の明確化
	第2回目	第1回目の診断報告 第1回目の宿題の報告 スローガンの決定 問題点の掘下げと手術（改善案集め）の開始 チーム力の結集 決定事項と次回までの検討項目の明確化
	第3回目	第2回目の診断報告 第2回目の宿題の報告 進行上の留意点 　　金額への置換え 　　目標に達するまで 　　提案された項目は大事に 決定事項と次回までの検討項目の明確化
	第4回目 (最終回)	第3回目の診断報告 第3回目の宿題の報告 診断報告書としてのまとめ
事後のフォロー		診断実施後の改善状況について確認 さらなる改善指導の必要がないか調査

3　チームの結成と事前準備

(1)　チームの結成

　企業の代表者、役員、従業員それに外部のメンバーを加え改善チームを結成する。外部のメンバーとして農業改良普及員、農協営農指導員、農業会議職員、農業経営アドバイザーに参加してもらう。制度融資や国からの補助金の取扱いが関係する場合は金融機関職員、市町村の担当職員にも参加してもらう。

(2)　事前準備

　①　資料の取りそろえ

　診断に必要な資料として決算書、固定資産台帳、決算書の内訳明細、税務申告書等の財務関係書類を収集する。

　また、生産に関する資料として土地台帳、管理土地台帳、作業管理台帳、作付地図、作業日報、出荷台帳などの各種の資料の提供をお願いする。

　②　情報収集

　事前準備として業界情報や作目情報などを収集し、経営比率分析やキャッシュフロー分析なども可能な限り行っておく。

　しかし、その事前の準備のために改善に対する考え方が狭まっては逆効果である。現地での診断会議に向かう場合はあくまでも予見なしで望みたいものである。

　③　日程の調整

　現地での診断会議については相手方企業の業務の繁閑、検討課題の緊急性を考慮し、関係機関とも打合せのうえ決定する。現地での診断会議は4回くらいが適当である。具体的な診断日程としては1週間おきに4回設定するのがよい。緊張感を持続し、かつ課題について持ち帰って検討する時間を考えた場合、このような設定が最適である。

　また、1回ごとの会議の時間はおおよそ3～4時間とする。集中力の持続時間は大人で最長2時間といわれている。この時間で集中的に討議したい。

[各種の生産記録]

名　称	記載内容
土地台帳	住所、氏名、世帯番号、地番、農地番号、面積、地代、等級、賃借期間
管理土地台帳	住所、氏名、世帯番号、地番、農地番号、面積、土性、地質、用水状況
作業管理台帳	トラクター作業、苗、田植、コンバイン、乾燥調製、品種、日時、苗の所要枚数、収穫量、品質
作付地図	作目、管理受託地
機械装備一覧表	機械名、導入年月日、能力、整備状況、管理責任者
作業日報	日付、氏名、作業種類、作目品種、作業実施圃場
春作業管理表	コード、氏名、地区、面積、品種、苗、肥料名
夏作業管理表	コード、氏名、地区、面積、品種、肥料名、農薬名
秋作業管理表	コード、氏名、地区、面積、品種、作業種類
乾燥調製出荷状況	品種、個数、農協出荷、自家米、紙袋使用量、屑米
大豆作業日誌	コード、団地、地名、地番、面積、作業種類、肥料

4　診断会議　第1回目

(1) リーダーの選出

　関係者が集まり、現地での第1回診断会議を開催する。自己紹介から始めるが、リーダーを決め、議題に入る。

(2) 企業実態の把握

　訪問してからの企業実態の把握は入念に行いたい。財務内容、人員構成、平均年齢、雇用形態別人員、給与の額、作業場の様子、設備の様子などである。一通りの説明を受けた後、作業場などの現場をみて回りたい。多少の時間は必要であるがぜひ実行したい。現地、現物、現場主義は診断の基本である。

(3) 問題点の聞き取り

　そのうえで問題点の聞き取りを始める。農家側の関係者全員から幅広く、丁寧に聞き取る。ここでは答えを探す必要はなく農家側から問題点を徹底的に聞き取る。

(4) 問題点の明確化

　聞き取りを行うなかで問題点と診断目的の明確化を目指す。相談を持ちかけながらも企業側で問題点そのものを明確に絞れないときもある。

　コストの削減なのか、作業効率の改善なのか、販路の拡大なのか、赤字の改善なのか、借入金の縮小なのか、ここはリーダーが整理してやらなければならない。

(5) 診断目的のスローガン化

　問題点を聞き取るなかでポイントを探り、診断目的をスローガン化し掲げることが求められる。たとえば累積赤字一掃5カ年計画、借入返済促進5カ年計画、賃金手当削減3カ年計画、味噌販売拡大5カ年計画、多角化3カ年計画などである。

　このほか問題解決型のテーマではないが、中期経営計画の立案、事業継承計画の立案、後継者育成計画などがあげられる。

(6) 決定事項と次回までの検討項目の明確化

　第1回会議の終了に際し、第1回会議の検討結果を確認する。第1回会議で決定できたこと、決定に至らなかったこと、次回までの宿題及び次回のおもな検討事項を参加者に伝え確認する。

第1回診断報告書

1　相談の趣旨
　前期は赤字決算となり資金繰りもひっ迫し長期資金の返済猶予を受けた。これからの健全経営を目指し、問題点の指摘と改善に対するアドバイスを受けたい。現在立案中の返済計画では5年後でもまだ赤字が残るようなことになる。返済計画の見直しと、確固たる再建計画を立てたい。

2　経営の現状について（会社側説明）
　(1)　経営状況
　　①　昨年度はマイナス4百万と大幅な赤字となった
　　②　そのため累積欠損金も増加し、資金繰りも厳しくなった
　　③　現在経営計画を立案中である
　　④　また関連会社の整理を目指しているがそれについても相談したい
　　⑤　関連会社との貸借でははっきりしない項目がある
　(2)　生産に関する状況
　　①　平年作では8.5俵であるのに、昨年度は1俵少なかった
　　②　毎年2haくらいずつ全面受託の面積はふえていく予定である
　　③　水田の所在場所は広範囲に散らばっている
　　④　安田地区については3.5kmほど離れている
　　⑤　点在してはいるが、その点在している場所ではある程度まとまっている
　(3)　質　疑
　　①　計画のなかに収穫量の見積りや経費の見積りで甘いところがある
　　②　コンバイン、大豆コンバイン等の投資計画は過大ではないか
　　③　減価償却は100％実施しているか
　　④　関係会社の整理についてその時期が不明確である

3　次回までの検討事項（宿題）
　(1)　経営計画の見直し（会社側）
　　①　損益を実情に近い状況で見直す
　　②　資金計画書を単独で分離してつくる
　　③　計画のなかに関係会社の整理を織り込む
　(2)　関係会社の整理について（会社側、アドバイザーも）
　　①　責任範囲を明確にし、処理方針を確定させる
　　②　特に資金の貸借の処理案について

5　診断会議　第2回目

(1) 第1回目の診断報告

　第2回目の診断会議の開始に先立ち、第1回目の診断報告を行う。報告に際しては発言者名、発言内容をできるだけ詳細に、内容を漏らすことなく報告する。また、訂正があればその場で申し出てもらい、次回までに訂正し浄書する。

　これは討議が後戻りすることなく診断を重ね、4回目の診断会議終了と同時に全体のまとめをすることを期待するものである。このような手法により参加者全員の意識の向上と診断結果に対する責任感の醸成が期待できる。

(2) 第1回目の宿題の報告

　第1回会議で参加者に課せられた宿題（課題）についてその検討結果を報告してもらう。

　当初立案された経営計画は損益計画と資金計画が混在していたのでそれを明確に区分したこと、損益面では経営面積の算出、単収の基準、経費の計上の仕方を見直したうえ、経営計画の改訂版を作成した旨説明された。

(3) スローガンの決定

　改善会議のスローガンは第1回会議で設定したいところであるが、本件ではその問題点が複雑だったため、第2回会議での設定となった。本件診断会議のスローガンを次のように決定した。

　「経営再建計画作り」、「利益改善目標、年間5,000千円」

(4) 問題点の掘下げと手術（改善案集め）の開始

　第1回会議で明らかになった問題点を掘り下げ検討する。ここでは確認されたスローガンのもと、達成に向けて詳細な検討をすることとなった。

　持ち寄った各種のデータや資料、経営分析のデータを参考にしつつ、非財務的な切り口を勘案しながら検討した。参加者全員がそれぞれ自分の頭で考えるのである。

(5) チーム力の結集

　問題解決に向け、財務的な側面からは農業経営コンサルタントから、技術的な側面からは農業改良普及員や農協営農指導員から、そして金融面や補助制度のことについては、金融機関職員、農業会議職員、市町村の農業委員会職員から助言してもらう。

第2回診断報告書

1　第1回目診断会議報告
2　第1回会議の宿題の報告
　(1)　経営計画の見直し（会社側）
　　①　水稲の作付面積を変更した
　　②　全面受託の増加は作業請負からの変更が多かった
　　③　麦、大豆の作付面積も変更した、さらに反収、単価も変更した
3　参加者全員による経営改善に関する提案
　(1)　A　氏
　　①　農薬の種類を工夫し、年間3百万円節減する
　　②　予備のコンバイン、トラクター各1台を処分する
　　③　反当り収穫量の増加を図る
　　④　育苗ハウスの有効利用を図り、カブの栽培を始める
　　⑤　農協から椎茸の菌打ちの作業を請け負う
　　⑥　農協から機械の修理作業を請け負う
　(2)　B　氏
　　①　外注している水管理を内工化する
　　②　転作部分は、麦より大豆のほうが有利ではないか
　　③　12月、1月、2月は思い切って外部に働きに出ればよいのではないか
　　④　作業受託が減っているので、育苗の販売を拡大すべきである
　　⑤　設備の設計能力は90haなのだから、面積拡大に向けて努力すべきである
　(3)　C　氏
　　①　米を売薬さんにもたせて売れないか
　　②　建設飯場へ売れないか
　　③　育苗室でウドをつくれないか
　　④　日本晴をやめてコシヒカリにできないか
　　⑤　「イッパツ」は危険な肥料だと思う。天候により大きく左右される
　　⑥　麦、大豆の比較マップがほしい
4　次回までの検討事項
　(1)　転作に関し、麦と大豆の有利性について比較検討をする（農業改良普及所）
　(2)　従業員全員から経営改善提案を提出してもらう（会社側）
　(3)　資金繰り予算の再訂正（会社側）

6　診断会議　第3回目

(1) 進行上の留意点
　前半の第2回目までは自由討議とし特定の方向への誘導はしない。すなわち「どうする」「どうする」の連続でよく、みんなで幅広く検討課題に向き合う。
　3回目以降は問題点、対策も次第に煮詰まってくるので取りまとめも視野に入れて進行する。

(2) 金額への置換え
　経営改善に向けてさまざまな提案がされるが、これらの提案についてはその内容を金額に置き換えて提示するよう誘導すべきである。金額概念のない改善提案では効果が望めない。改善策は必ず金額に置き換えて検討すべきである。卑近な言い方になるが「円」では食べられるが、「％」では食べられないのである。

(3) 目標に達するまで
　改善策が目標金額に達するまで討議を進めるべきである。どのようなテーマであれ改善策は簡単に見つかるものではない。参加者全員の真摯な取組みが求められる。
　壁に突き当たったときには、改善策をより幅広く再検討すべく各種の改善マニュアルを使うのも一つである。そこで気づかなかった項目を見つけ出すのである。なんとしても目標に達するまで改善案を模索すべきである。

(4) 提案された項目は大事に
　提案される改善案には、金額の影響が小さく全体的にはあまり効果のないようなものも含まれる。また、改善案の内容によっては金額に置き換えられない項目もある。このような場合でもその項目を無視するのではなく、丁寧に拾い上げたい。特に従業員からの提案についてはこれを拾い上げ、意識の向上につなげたい。

(5) 絵に描いた餅
　会議で寄せ集めた改善策など絵に描いた餅のようで役に立たないとの批判を受けることがある。しかしこの批判は的外れである。たしかに絵に描いた餅では困るが、デッサンさえ描ききれないようでは目標達成ははるか遠いことになる。まずは描ききることである。そのうえで実現に向けて行動を起こすのである。

第3回診断報告書

1 第2回目診断会議報告
2 第2回会議の宿題の報告
　(1) 麦、大豆の有利性の比較検討
　　① 麦の反収206kgとすると、麦は64,634円になる
　　② 大豆は反収113kgとすると64,552円になる
　　③ まったく差がない
　　④ しかし当社は麦、大豆、麦の順で作付けしている
　　⑤ そうすると、一方の補助金が当たらなくなる
　　⑥ 大豆の採算性は差引でマイナス6,435円である
　　⑦ このなかに賃金手当が13,584円含まれている
　　⑧ 余剰人員の有効活用としてなら、大豆の作付けは有利である。しかし新たに人を雇ってやるというのなら、しないほうがいいということになる
　　⑨ 麦の作付けは必ず行うとよい
3 従業員からの改善提案
　(1) D　氏
　　① 混合油の自家混合
　　② 休息時間の短縮
　　③ 迅速な作業の開始
　　④ 農薬の購入先の再検討
　　⑤ 圃場管理の徹底
　　⑥ 米の売り先の開拓
　(2) E　氏
　　① 味噌をつくる
　　② 臨時作業員は定年退職者でよい
　　③ 作業予定表は1週間ごとに作成すること
　　④ 人を育てることが第一である
　(3) その他
　　① 転作は麦、大豆、麦の順番がよい
　　② 混合油を自分でつくっても大した経費節減にはならない
4 次回までの検討事項
　(1) 今日の見直しを集約して最終報告をまとめる

7　診断会議　第4回目（最終回）

(1)　診断報告書の書き方

　診断報告書は毎回作成し、次回の会議の冒頭で報告する。報告内容はできるだけ詳細なものとし、発言者の名前も記載する。項目としては「前回の報告」、「討議内容」、「次回までの検討事項」の順とする。

　最終回の報告は各回の結論の積重ねとその取りまとめになる。そして最終回の診断会議終了と同時に診断報告の終了とする。後日発送することになる第4回目の報告書は確認の意味であり、結論そのものはその会議の場で確認を終えることとする。このように進めることにより参加者の意識が高まり、改善に向けて意欲的に取り組むようになる。

(2)　留意事項の再確認

　①　チームの結成

　農業の経営診断の特徴は多くの関係者が参加してくれることである。農業改良普及員、農協の経営指導員、農業会議の職員、市町村の担当者、農業経営アドバイザーなどである。

　リーダーに求められるのはこのような多彩な人からいかによいアドバイスを引き出すかにある。診断会議への呼びかけ、会議の進行、課題の提示、解決に向けた取組みなどリーダーの力量の見せ所である。

　②　問題点のスローガン化

　診断会議の効果的な進行のため、この問題点のスローガン化が欠かせない。問題点がどこにあり、どのように解決策を模索するか参加者全員にしっかり認識してもらうためである。著名な政治家でこのスローガン化が非常に巧みな人がいた。参考にしたいものである。

　③　金額への置換え

　経営改善策について文言でいくら説明されても認識するのがむずかしい。言葉だけでは単なる意識改革にとどまってしまい、具体的な改善への動機づけにはならない。改善策は必ず金額に結びつけて検討すべきである。

　しかし、改善提案のなかにはどうしても金額に置き換えられないものもある。そのような場合は「金額に置き換えられる改善策」、「金額に置き換えられないが有用な改善策」というように区分して記載すればよい。

　④　毎回ごとの報告書の取りまとめ

　報告書は毎回取りまとめ、参加者の意識を一つにしながら目標に向かって誘導していく。現地診断が終了してから何週間も間を置いた後の報告では意味がない。

第4回（最終回）診断報告書

3　改善提案のまとめ
(1)　実行可能でかつ金額目標の算定できる改善提案
　①　農薬代は10a当り、16,526円から、標準的な12,000円に減らす。これにより、年間3,000千円の経費削減を図る
　②　コンバイン、トラクターの台数を各1台減らし、それにより、修理費、維持費を削減する。これにより、年間600千円の経費削減を図る
　③　椎茸の菌打ちの仕事を農協から受託する。これにより年間625千円の収入増加を図る
　④　機械の修理を請け負う。これにより年間500千円の収入増加を図る
　⑤　水稲の作付品種を変更する（日本晴からコシヒカリに）。これにより、935千円の増収を図る（初年度のみ）
　⑥　水稲の作付けをフクヒカリからハナエチゼンに変更する。これにより初年度は800千円、次年度は320千円の増収を図る
　⑦　混合油を自分であわせる。これにより年間50千円の経費削減を図る
　⑧　白菜の作付けをする。これにより年間100千円の増収を図る
　⑨　カブの作付面積をふやす。これにより年間300千円の増収を図る
　⑩　改善目標の金額の合計額は6,285千円となった
(2)　金額の算定は困難であるが有用な改善提案
　①　麦、大豆の作付けとその採算ラインに関する提案
　　　当社の収穫量（麦206kg、大豆113kg）ではその採算性に差はない
　　　しかし、作業の繁閑、常用人員でやれる範囲、国の助成制度を詳しく検討すると次のように結論づけることができる
　　　㋑　転作としての作付けの基本は麦である
　　　㋺　作付けの順番は、麦、大豆、麦、水稲の順である
　　　㋩　大豆の収量目標は200kgである。目標を達成できないようであれば、大豆はつくらないほうがよい。常用従業員の労力以内の作付けに抑えるべきである
　②　米の反収のよい場所に米づくりを集める
　③　直播は収穫量が少ないので、面積をふやさない
　④　水管理等圃場管理を徹底する
　⑤　設備面積が95ha分なので、面積の拡大に取り組むべきである
　⑥　休憩時間の短縮、迅速な作業の開始、作業予定の立案
　　　1日の予定、1週間の予定、月の予定、年間の予定をしっかり立てる

（注）「1　第3回目診断会議報告」「2　討議内容」の記載は省略した。

第4章
改善事例あれこれ

1　コスト削減策

(1)　農地の面的集積を心がけよう

① 趣　　旨

　分散した農地の面的集積はコストダウンの最も重要な要素となる。田が一枚一枚離れているとその移動や水管理に特別な労力がかかる。飛び地となっている田は他の農家と交換するなどして面的な集積を図るべきである。

② ポイント

　田の交換は地区の風土の違い、それまでの事業者の経歴などから利害が対立し、なかなかうまくいかない。これを推進するには、当事者ばかりでなく農業委員会、農協、県、市町村など指導機関の仲介協力を得ることが必要である。

③ 具 体 例

　Ｉ法人は過去の経緯から、自社の中心的経営地から5kmほど離れたところに3haほどの受託田がある。そこには規模が小さいものの作業場も一棟ある。

　今年、自社が主力としているところに新規の借入地が1.5ha確保できたことから、飛び地になっている3haはその地区に隣接する中核農家に移管することとした。相手先法人と話合いを重ね、借り上げていた作業場の契約を変更し、田を預けてくれていた地主の了解も得て問題なく移管することができた。

④ 改善効果

　Ｉ法人では施設の二重投資から開放されたうえ、一部外部委託していた作業がなくなり、作業効率も向上した。また、相手方法人も自社の中心地域に隣接した作業効率のよい田を集積できることとなった。

[遠く離れた立地]

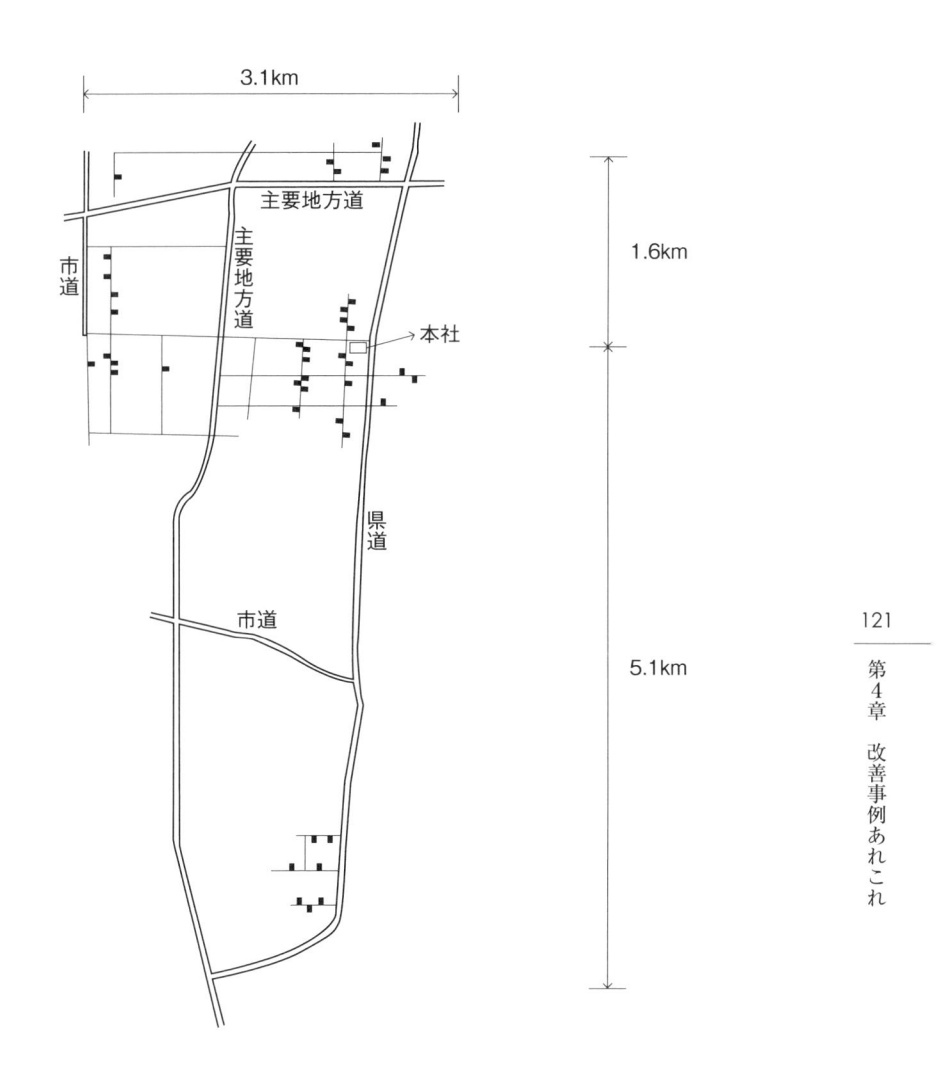

3.1km

主要地方道

市道

主要地方道

本社

1.6km

県道

市道

5.1km

(2) 工程管理を導入しよう

① 趣　　旨

　工業製品の生産現場では、生産管理とりわけ工程管理が重視されている。ここで生産とは材料を投入し、それを変換し、製品を生み出す過程をいう。そしてその過程を極限まで工夫し、効率化しようというのが工程管理である。

　米づくりは自然が相手であり、工業製品の製造過程とはおのずと異なっている。しかし個々の作業内容をみれば、それは工程管理の対象となる作業であり、作業員の配置、機械の設備能力などを勘案した適正な工程管理が求められる。

② ポイント

　米づくりにおける工程管理は作業ごとの機械の設備能力に大きく左右される。トラクターの台数と能力、田植機の台数と能力、コンバインの台数と能力、乾燥機の台数と能力などが問題となる。米づくりにおいては機械の能力を中心に工程管理をせざるをえないことがよくわかる。

③ 具 体 例

　F法人では従事人員が年間延べ12,000人にもなることから、その適正配置についてはいつも苦慮していた。特に作業の繁忙時における人員配置がむずかしく、人員不足による作業遅延も多々あった。

　そこで、米づくりでも徹底した工程管理ができないかを検討し、まず春作業について工程管理表をつくってみた。慣れないこともあり完全に使いこなすことはできなかったが、一定の成果をあげることができた。今年は秋作業も含め1年間の作業全体を工程ととらえ、これを管理し、総人員の削減に努めることとした。

④ 改善効果

　作業工程の周知徹底が図られ、労務費の節減につながった。

[工程管理図]

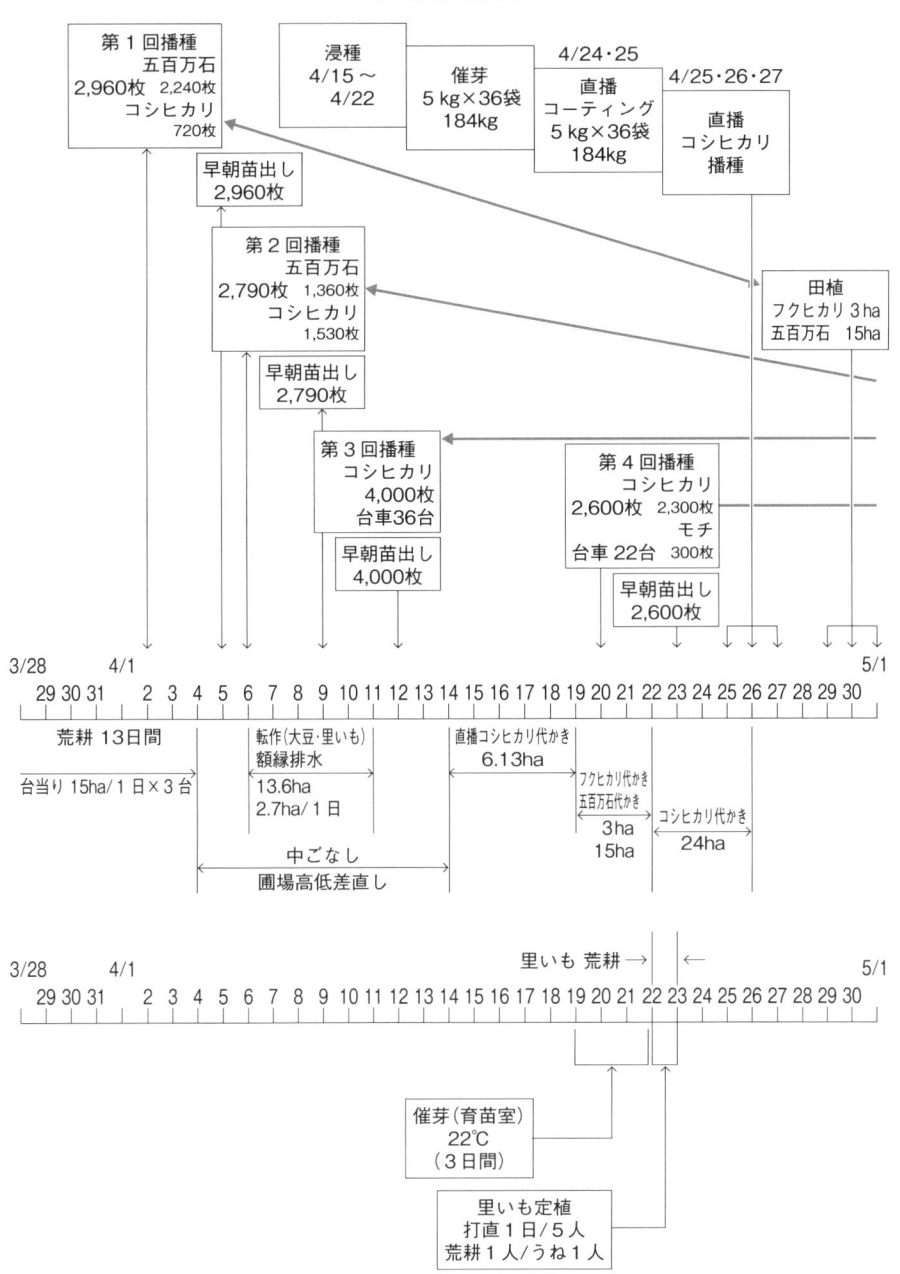

第1回播種		浸種		4/24・25		4/25・26・27
五百万石		4/15〜	催芽	直播		直播
2,960枚　2,240枚		4/22	5 kg×36袋	コーティング		コシヒカリ
コシヒカリ			184kg	5 kg×36袋		播種
720枚				184kg		

早朝苗出し
2,960枚

第2回播種
五百万石
2,790枚　1,360枚
コシヒカリ
1,530枚

田植
フクヒカリ 3 ha
五百万石 15 ha

早朝苗出し
2,790枚

第3回播種
コシヒカリ
4,000枚
台車36台

第4回播種
コシヒカリ
2,600枚　2,300枚
モチ
台車22台　300枚

早朝苗出し
4,000枚

早朝苗出し
2,600枚

3/28　4/1　　　　　　　　　　　　　　　　　　　　　　　　　　　　　　　　　　5/1
29 30 31 2 3 4 5 6 7 8 9 10 11 12 13 14 15 16 17 18 19 20 21 22 23 24 25 26 27 28 29 30

荒耕 13日間
台当り 15ha/1日×3台

転作(大豆・里いも)
額縁排水
13.6ha
2.7ha/1日

直播コシヒカリ代かき
6.13ha

フクヒカリ代かき
五百万石代かき
3ha
15ha

コシヒカリ代かき
24ha

中ごなし
圃場高低差直し

3/28　4/1　　　　　　　　　　　　　里いも 荒耕 →　←　　　　　　　　5/1
29 30 31 2 3 4 5 6 7 8 9 10 11 12 13 14 15 16 17 18 19 20 21 22 23 24 25 26 27 28 29 30

催芽(育苗室)
22℃
(3日間)

里いも定植
打直 1日/5人
荒耕 1人/うね1人

第4章 改善事例あれこれ

(3) **作業日報をつけよう**
① 趣　　旨

生産費のなかで最も大きなウェイトを占めるのが労務費である。米づくりの採算性や付加価値計算をする場合、労務費の把握が不可欠である。

その労務費把握の基礎となるのが作業日報であり、作業日報がなければこれらの分析はまったくできない。採算管理の第一歩は作業日報づくりである。

② ポイント

労務費の内容把握はどの業種でも同じようにむずかしい課題である。作業の後の日報記載は苦痛であり、それだけに作業日報の記載の徹底はむずかしい。しかし企業にとって必ず乗り越えなければならない課題である。

③ 具体例

D法人は毎年総会を開き決算報告などを審議している。今年度は赤字幅が大きかったこともあり、議論が白熱した。その議論の中心は赤字の原因を究明し、それを正していこうというものであった。

しかし「どの作業にどれくらいの時間がかかっているのか」、「労務費が高いのか安いのか」、「作目ごとの採算性はどうなっているのか」など分析を進めていこうとしても基礎資料がないことがわかった。必要と思われるデータは記録していたものの、踏み込んで分析するにはまだまだ不足していたのである。

次年度からは作業日報の内容を吟味し、必要な経営データがとれる様式に変更するとともに、従業員が記入しやすいように記載要領を見直すこととした。

④ 改善効果

日報記載の必要性があらためて認識された。

[作業日報の記載項目は目的をもって決める]

目　的	項　目	注意事項
給料の把握	氏　名 日　付 作業格付け 作業時間	 オペレーター、一般作業、事務作業 残業時間、深夜労働の把握
作業の種類ごとの時間把握	作業項目 (米)	①種子予措、②育苗、③耕起整地、④基肥、⑤直播、⑥田植、⑦追肥、⑧除草、⑨管理、⑩防除、⑪刈取脱穀、⑫乾燥調製、⑬生産管理、⑭事務作業 統計調査項目などとの整合性をとる
	作業項目 (加工販売)	⑮加工作業、⑯出荷作業、⑰販売業務
作目ごとの採算把握	作業対象品目の記載	米（移植）、米（直播）、麦、大豆、カブ、キャベツ、さつまいも、里いも、モモ、リンゴ、なし、味噌、餅、ジャム
田ごとの採算把握	番地の記入	田の番号

(4) 過大投資を避けよう

① 趣　　旨

経営規模とそれに伴う最適投資額については、各機関において研究され、公表されている。しかし、個別案件では作業効率のみが重視され、経営規模の拡大志向もあって投資額は過大になりがちである。

農産物価格が低迷しているいま、これを見直し、投資額を抑え、減価償却費の負担額を抑えることが求められる。

② ポイント

減価償却費の負担を抑えるには、何よりもまず機械の投資額を抑制することである。そのほか機械の共同利用、耕作面積の拡大、耕作地の回転率の向上、整備の充実による機械の効率的利用など多面的な取組みが必要となる。

③ 具体例

A法人の経営面積は全面受託面積が24.0ha、作業受託面積が8.0ha、合計で32.0haである。これだけの面積をこなしているのに主要設備は非常に少なく、トラクター3台、田植機2台、コンバイン1台、大豆コンバイン1台（共有）、管理機1台、乾燥機が5.5t入り4基である。

秋作業においては、刈取りと、乾燥、それに調製出荷の作業バランスに配慮し、設備投資を抑えている。

点検整備も入念に行い、新規投資を極力抑え、トラクターの平均使用期間は15年、田植機で8年、コンバインや乾燥機も10年となっている。

④ 改善効果

A法人の10a当りの減価償却費は5,422円と大変少ない。これは機械の特別償却や準備金による圧縮記帳も影響していると思われる。

[減価償却費の負担例]

法人名	経営形態	経営面積（ha）	減価償却の額（10a当り）（円）
A法人	一戸一法人	**32.0**	**5,422**
B法人	一戸一法人	14.1	15,531
C法人	数戸一法人	165.0	5,648
D法人	数戸一法人	100.7	13,376
E法人	集落営農組合	34.0	7,763
F法人	集落営農組合	74.5	12,158

(5) 投資可能限度額を知ろう

① 趣　　旨

現有設備の減価償却費を経営面積で割れば10a当りの減価償却費が算出される。また、現有設備のまま推移するとした場合の向こう5年間、10年間の減価償却費が計算できる。

これらの数値と目標とする数値を比較することによって、それぞれの期間における投資可能限度額が算出できる。

② ポイント

いったん過大投資となってしまったら取り返しがつかない。なんとしても過大投資は避けてほしい。過大投資を解消する手立てはなかなかない。

③ 具体例

B法人は「機械設備が過大ではないか」と指摘されたため、そのことについてあらためて検討することとした。

経営面積は米の全面受託面積と作業受託面積合わせて36.0haで、年間の減価償却費は594万8,842円である。減価償却費は1万6,524円となっており、これは目標とする金額1万円より6,524円高い。

向こう5年間の減価償却費を計算してみると、その額は2,030万3,229円となる。目標とする減価償却費の額は1,800万円であり、その差額はマイナスである。

このことから単年度の投資可能額はまったくなく、向こう5年間での追加投資可能額もゼロである。5年目以降の5年間でようやく740万円の投資可能額が出る。

④ 改善効果

再投資可能額がまったくないことを認識し、現有設備の維持に努めることとした。

[向こう10年間の投資可能額]

(単位:円)

項　目	経営面積(ha)	単年度	5年間で	10年間で
減価償却費の目標額 (10a当り)		10,000	50,000	100,000

当社の目標金額	36.0	3,600,000	18,000,000	36,000,000
現有設備の減価償却費		5,948,842	**20,303,229**	28,594,030
投資可能額		な　し	な　し	7,405,970

2　収入拡大策

(1)　圃場ごとの収穫量管理をしよう

①　趣　旨

田は水の便、日当り、土壌、傾斜具合など地理的条件に差があり、収穫量にも大きな差が出てくる。

同じ経営面積で収入をふやすには、一つひとつの田ごとに収入状況を把握し、対処する必要がある。どうすれば単位当りの収入をふやすことができるか、田ごとの作付品種、収穫量、投入費用を把握し、作付品種、作付方法の決定をしなければならない。

②　ポイント

コストダウンを考え、収入のアップを図る場合、その基礎となるデータが必要となる。農作業の後のデータ記入は従業員の負担になり徹底しにくいが、そこはなんとしても理解してもらい必要となるデータの記入、収集を行ってほしい。

③　具体例

C法人は採算性を厳密に把握するため、田ごと、品種ごとの収穫量のデータをとっている。コシヒカリでは、10a当り収穫量が多い田で602kg、少ない田で322kgと、実に280kgもの差があった。

ここ数年のデータをみても、収穫量の少ない田はどの年も同様に少ないことがわかった。そこで、転作に回す田を見直し、収穫量の少ない地区に割り当てることとした。また、収穫量の少ない田については、地代の引下げ交渉をしたいと考えている。

④　改善効果

10a当り収穫量が300kg台の田は転作に回すこととした。これ以上に収穫量の少ない田はないので、変更した分だけ収穫量は増加するはずである。

コラム

松本平は12俵

松本にある農業法人を訪問した。常念岳を間近に仰ぐ、大変風光明媚なところである。農業経営について、いろいろとうかがっているうちにコシヒカリの収穫量の話になった。なんと平均収量が12俵もあった。しかもそれは、その法人だけではなく松本平の平均的な収量だという。8俵が平均収量であるという私の認識からいうと大変驚異的で1.5倍である。

しかし、それには理由があるようだ。農業改良普及員やほかの農業関係者に聞いてみると、松本平は日中暑くても、夜涼しいので稲がぐっすり眠れるからでないかとのこと。日中の暑い太陽で充分な光合成をして、夜ぐっすり眠るので収量が多くなる。つまり、稲も夜は酸素呼吸をして、昼とは逆にエネルギーを消費しているらしい。

寝苦しい夜に「稲」のことを思い出した。

[収穫量の差は1.7倍]

地　名	地　番	面積（a）	10a収量（kg）	モミ重量（kg）	摺落歩合（%）	玄米重量（kg）
K地区	7	20.7	**602**	1,480	84.2	1,242
	25	21.6	473	1,321	77.3	1,022
	72	35.2	410	1,842	78.4	1,444
	87	29.9	408	1,616	75.4	1,220
G地区	20	22.2	598	1,667	79.6	1,327
	58	25.7	535	1,727	79.6	1,375
	82	34.6	489	2,207	76.6	1,690
H地区	48	27.2	510	1,780	77.9	1,387
	84	13.4	**322**	579	74.4	431
	95	7.2	373	352	76.3	268
全平均			498		78.8	

（注1）　モミ重量は水分15.0％とした場合のモミの荷受重量。
（注2）　K、G、Hともコシヒカリの作付地区。

(2) 田の回転率をあげよう

① 趣　旨

企業利益をあげる要素として利益率の向上と回転率の向上の二つがある。農業、とりわけ稲作においては、この回転率の向上について意識されることはなかった。しかし、国の転作政策から田を畑としても利用することが定着し、回転率をあげ収益拡大を目指すべきとの意見が強くなってきた。

② ポイント

タイでは田を2年間で5回転させている。地理的条件からわが国ではこのようなことは望むべくもないがいろいろな工夫が必要である。田の面積はそのままでも回転率をあげることによって収入の拡大が図られるのである。

③ 具体例

T法人では、年間の雇用を維持すること、国の転作政策に対応することなどを考慮し作付体系を決めることにした。米、麦、クロタラリア（緑肥）、ソバの順に作付けし、また、米とつなげていくのである。これにより田の回転率を年1回から年2回にあげることができた。

④ 改善効果

収益の拡大が図られ就労の場も確保できた。また、国の効率的な営農に対する補助金も受けることができた。

コラム

野生の稲は5ｍ

　5ｍにも伸びる野生の稲があると聞いてむしょうにみたくなり、タイのバンコク郊外パトンタニにある「王立稲研究所」を訪問した。5ｍというとさすがに長い。

　みたのは標本であるが、栽培種でも2～3ｍに伸びるものがあるそうだ。雨季になると河川沿いや沼地の田んぼの水位がしだいに上がる。稲はそれに負けないように毎日10cmずつ伸びて2ｍ以上にもなる。問題は水位が下がった後の稲刈りをどうするかである。なんとコンバインで刈り取るそうだ。水位が下がると茎は倒れるが最後の穂首は立ったままでいる。

　稲の生命力の強さに驚かされる。

[田の回転率]

① 米の単作　1.0回転

1年目	2年目	3年目	4年目
米	米	米	米

② 2年4作　2.0回転

1年目			2年目			3年目		4年目	
米（早稲）	麦	緑肥	ソバ	繰り返し					

（注1）　緑肥も作物と考える（補助あり）。
（注2）　圃場全体での回転率の向上を目指す。

(3) 時間単価のよいものを選ぼう

① 趣　旨

　作目別の採算性をみるには付加価値を分析し、さらに時間単価を算出するのがよい。時間単価に置き換えることによって目からウロコである。農業の国際化が著しい今日、作目の選定について最終的に時間単価で判定することは必須の要件となる。

　時間単価のよいものを選ぶべきではあるが、それと同時に売上高の絶対額の多いもの、利益の額の絶対額の多いものなど総合的に検討すべきである。

② ポイント

　時間単価を算出することによって他社や他産業、さらに国際的な比較も可能になる。

③ 具体例

　C法人では栽培している全作目について、作目別の利益額と時間単価を算出した。

　これによると単価の最もよいのが麦で、1時間当りの単価が4,649円となっている。次は米で2,562円、大豆は1,173円となっている。同じ転作作物ではあるが麦のほうが断然有利である。

　カブは851円と麦や米に比べてかなり低い金額となっている。

④ 改善効果

　作目別の時間単価を算出することによって、社員全員の収益性に対する意識が変わった。

[時間単価のよいのは麦]

項　目	米	麦	大　豆	カ　ブ
作付面積（ha）	70.1	23.3	12.7	1.8
作業時間（時間）	13,006	1,874	1,202	2,338

（単位：円）

	米	麦	大　豆	カ　ブ
売上高	86,082,695	19,011,844	8,113,237	3,262,544
変動費、固定費控除後利益	33,322,506	8,712,991	1,410,187	1,991,273
時間単価	**2,562**	4,649	**1,173**	851

3　多角化策（六次産業化策）

(1)　多角化の方向性

①　趣　旨

　農業の六次産業化が推進されている。六次産業化とは一次産業である農業が二次産業である製造分野、三次産業である小売業そして飲食業、サービス業へと裾野を広げ、その活性化を図ろうというものである。東京大学名誉教授の今村奈良臣先生が提唱したもので、農業を総合生命産業として発展させようとの願いから発したものである。

　ところで、多角化の方向性としては水平的多角化といわれるものと垂直的多角化といわれるものの二つがある。米以外の麦、大豆、野菜など新たな農産物をつくるのが水平的多角化であり、自分でつくった農産物を加工して販売する二次産業への進出、さらにこれと同時にレストランや農家民宿の経営などサービス分野にまで進出するものが垂直的多角化である。六次産業化という場合、この二次産業、三次産業への進出の垂直的多角化を指している。

②　ポイント

　農業の多角化を考える場合、その方向性があまりにも多岐にわたるため焦点が絞りにくい。多角化で何を目指すのか、自社の経営資源はどうなのかをよく見極め、慎重に取り組む必要がある。

③　具体例

　F社では多角化を目指し何度も会議を開いたがなかなかよい案が浮かばなかった。役員、従業員とも農作業に打ち込んできたものばかりで、加工や販売といっても、いかにも取り組みにくい話なのである。

　しかしそれでも検討を重ねるうち、従来から手がけてきた稲の苗用床土の製造に取り組むこととした。

④　改善効果

　多角化は二次産業、三次産業に向かう川下作戦ばかりではないとわかった。従来からの農業の資材づくり、すなわち川上作戦ともいえるものも多角化策である。苗用床土づくりは重要な収益源となった。

[水平的多角化と垂直的多角化]

方向性	項　目		内　訳
水平的多角化	農業	米以外	麦、大豆、野菜、花卉、果樹
		作業受託	水稲作業の請負、転作田の管理請負、その他の作業請負、契約栽培
垂直的多角化	製造業	川上作戦	床土生産販売、堆肥生産販売、種の栽培
		川下作戦	味噌、麹、漬物、餅、かき餅、おこわ、大福、乾燥椎茸、ドライフルーツ、お菓子、せんべい、クッキー、プリン、ジャム、ゼリー
	卸、小売業		仕入販売を含めた販売部門進出
	サービス業		作業体験 勤労体験 季節料理提供 飲食提供 宿泊提供 滞在型宿泊提供
他産業兼業	造園業、建設業、醸造業		

(2) 加工品づくりで付加価値のアップを

① 趣　旨

　農業の六次産業化は農産物の生産から加工分野、サービス分野への進出を促すものである。加工では餅づくり、米粉パンづくり、リンゴジュースづくりなどがある。

② ポイント

　多角化を考える場合、自社の農産物を利用した加工部門に進出する例が多い。その場合でも、何を目指すのか、自社の経営資源はどうなのかをよく見極めて慎重に取り組む必要がある。

　また、食品製造には保健所の許可が必要であり、そのため施設設備はしっかりしたものにしなければならず、投資予算、生産技術、販路開拓などを総合的に検討しなければならない。

③ 具体例

　Y法人は稲作と椎茸の原木栽培をしていたが、経営の拡大を目指し、市街地中心部に開設されたフィッシャーマンズワーフに出店することにした。自社製品に加え、新たに餅の製造販売をするために、その採算性がどうなのか検討してみた。

④ 改善効果

　餅米30kgを使い実際に餅をつくってみた。全量販売できたとした場合、利益額は40,645円であり当初予想の利益額21,000円をはるかに超えるものとなった。決意を新たにして取り組むこととした。

コラム

トルコ国民の半数が農家

　トルコの農業情勢について、アンタリアにあるアクデニーズ大学のイブラヒム・ウズン農学部長に聞くことができた。日本との関係では、ヘーゼルナッツなどナッツ類とトマトピューレの輸出に関心があった。

　そして、トルコ農業の特徴として農民が全国民の約半数に及ぶという説明に驚いた。統計学的には農民は約20％だが、農業資本を中心としたコングロマリットとしての企業群からみると、実に半数の国民が農業に関連した職業に従事しているという。これは、トルコでは農業資本が途切れることなく永きにわたって存続したという証でもある。

　わが国でも近年、農業の六次産業化がうたわれ、加工分門、販売部門、サービス部門への進出を促す機運が高まっている。農家企業群がおおいに興隆してほしいものである。

[餅づくり利益額算出]

仕上り個数

種　類	計	豆　餅	えんどう餅	はと麦餅	草　餅
個　数	675	161	147	139	228

売　価

種　類	計	豆　餅	えんどう餅	はと麦餅	草　餅	予想額
単価105円	70,875	16,905	15,435	14,595	23,940	80,000

餅原価

種　類	計	豆　餅	えんどう餅	はと麦餅	草　餅	
	19,008	4,210	4,385	3,784	6,629	26,000

経　費	計	豆　餅	えんどう餅	はと麦餅	草　餅	
		個数按分				
減価償却費	1,405					0
水道光熱費	317					5,000
賃金手当	9,500					28,000
計	11,222	2,676	2,444	2,311	3,791	33,000
原価計	30,230	6,886	6,829	6,095	10,420	59,000
利益計	**40,645**	10,019	8,606	8,500	13,520	**21,000**

付加価値増加割合　　4.06

　　餅米の使用量（kg）　　30
　　その金額（円）　　10,000

(3) 作業時間の平準化が目的の一つ

① 趣　旨

　米づくりでは月ごとの作業時間に大きな差がある。11 ～ 2月までは特に仕事がなく、従業員は手を余すことになる。常用従業員を抱えている事業体にとっては、これが深刻な問題となっている。「杜氏」、「売薬」、「出稼ぎ」これらはすべて米づくり農家の空き時間対策としての方策だった。

　事業としての米づくりも、そのままその問題を内包することとなる。問題解決の糸口を見出すために、正確な作業時間と作業実態を探ってほしい。

② ポイント

　組織が集落営農タイプか、一戸一法人タイプかによってその対策は大きく異なる。集落営農タイプでは、労働力は臨時の労働力として調達されており、仕事がなければ休んでいればよい。

　一方、一戸一法人のタイプでは、労働力は常用の従業員でまかなわれており、何としても収益のあがる仕事を見つけなければならない。

③ 具体例

　F法人は、経営に関するデータを詳細に集めるよう努力してきた。それによって、米の単作では11 ～ 2月までは、ほとんど作業がないことを再認識した。この間機械の修理をしたり研修に参加したりしてはいるが、収益に直接結びつくものではない。なんとしても収益のあがる仕事を見つけねばならない。

④ 改善効果

　「稲単作では雇用労働力に対する仕事量の充足は困難である」ことをあらためて認識した。

[忙しいのは3カ月（作付面積は56ha）]

区　分	時間数	ピーク時に対する割合（%）
1月	0	0.0
2月	4	0.2
3月	361	21.8
4月	1,601	96.7
5月	1,551	93.8
6月	128	7.8
7月	469	28.3
8月	800	48.4
9月	1,653	100.0
10月	27	1.6
11月	9	0.5
12月	31	1.8
計	6,634	

(4) 賑わいを創出しよう

① 趣　旨

　直売所をつくれば売上はふえる。しかし消費者はわがままで飽きっぽく、少し気を緩めるとすぐにほかへ流れてしまう。消費者を絶えず引き付けておくには次々と新しい仕掛けをし、賑わいを創出する工夫が必要である。

　その賑わいを通して新たな参加者を集め、ようやく全体としての顧客数が確保できるのである。

② ポイント

　賑わいの創出の基本は商品の豊富さであり、サービスの豊かさである。それがあって初めて創出作戦の効果が出る。まずは商品である。そのことは忘れないでほしい。

③ 具体例

　F組合は国道沿いに野菜の直売所を設けた。土、日、祭日だけの開店ではあるが、新鮮な野菜が手に入るというので評判を呼び、いつも賑わっていた。立地条件もよく近くの民宿や旅館の宿泊客の格好の寄り場所となっていた。

　しかしその後、近くに類似の直売所が2カ所もできたことから、客足が減ってきた。そこでお客さんに喜んでもらうように、コーヒーコーナー、どんど焼きコーナー、焼きいもコーナーなど簡易な飲食ができるようにした。また季節ごとに田植祭り、虫送り祭り、秋の収穫祭と銘打って行事を行い賑わいを創出するようにした。

④ 改善効果

　お客さんの店内滞在時間が最長で20分も延び、客単価もアップした。

[季節ごとにいろいろな行事がある]

項　目	行事名
農作業に合わせた行事	田植、田祭り、虫送り 稲刈り、鎌あげ、新穀感謝祭 田の神祭り
季節の行事	(春、夏) 　ほたる狩り、れんげ祭り (秋) 　山菜とり、きのことり 　新米発表会、ワイン試飲会 　いも煮会、そば打ち体験、なし狩り、リンゴ狩り 　新穀感謝祭、いも掘り (冬) 　餅つき大会
生活習慣や伝統行事	桃の節句、端午の節句、結婚式、誕生祝、七五三、成人式、還暦祝い、仏事 お中元、お歳暮 祭礼、獅子舞、山祭
最近つくられた行事	商工フェア 直売市、青空市 特産品フェア 農業体験教室 林業体験教室 海鮮祭り

(5) 応援部隊を育てよう

① 趣　　旨

　漬物、味噌、餅など加工品の第一のお客さんは身近な地域の人である。地域の人ほどその人の農業に対する取組み姿勢をよく知っている。それだけに地域の人の目が怖いが、いったん認めてもらえば大変力強い味方となる。

　また、地域には婦人会をはじめとしてさまざまな組織がある。お客さんであると同時に応援団となってくれるこれらの組織を大事にしたいものである。

② ポイント

　ネットワークづくりはその人その人の個性と深くかかわっており、簡単に真似のできるものではない。しかし販売のためのネットワークづくりは何よりも大切である。

③ 具　体　例

　G法人では餅、かき餅、おこわ、漬物をつくっている。「厄年のお宮参りの餅」「葬儀の際のおけそく」など、その需要は冠婚葬祭に深く関連している。

　代表者が長い間地元の婦人会の世話をしていること、従業員は地域一円から来ていることを生かし、全員一丸となって情報収集に努めている。

　結婚式、赤ちゃんの誕生、厄年の情報、亡くなった人、このような地域の情報はとても大切である。

④ 改善効果

　売上の増加策を考えるに際し、各種ネットワークの利用の重要性を再確認した。同時に新たな人脈を開拓する必要性も認識し、保育園の園児を餅つきに招待することにした。

［いろいろな団体からまとまった注文が入ってくる］

区　分	組織名	祭　事
地域の団体	自治会 婦人会 青年団 壮年会 老人会 農　協 公民館	地区運動会、文化祭、敬老会 敬老会、社会福祉大会 運動会、獅子舞 鍋まつり、地域美化運動 ゲートボール大会 収穫祭 公民館祭り
公共団体	県、国 市町村 学　校 普及センター	各種の全国大会の開催 各種の地区大会の開催 各種の全国大会の開催 各種の地区大会の開催 文化祭、運動会 地区大会

4　販売促進意外なポイント

(1) 単独出店の直売所は家の前で

① 趣　旨

　直売所の設置場所については、自宅の前に設置する場合と、新規に立地場所を求めて出店する場合の二通りの方法が考えられる。

　自宅前に設置する場合は、土地の手当の心配がいらず、施設も自分の思うようにできることから、比較的取り組みやすい。そのうえ自宅前に設置した場合、生産者自らのうしろ姿を直接みてもらえることに強みがある。

② ポイント

　直売所の開設は売上の増加、自社製品の宣伝に大変有効である。農場に隣接した直売所の場合は無人の店舗でもよく、敷地の手配もいらない。迷わず設置してほしい。

③ 具体例

　D法人は売上の増大を目指し、自社の格納庫の横に簡単な屋根を差しかけ、直売所を設けた。そこは地区の主要生活道路沿いで交通量もまずまずである。

　開店は土曜日だけで、販売品目は自家製の漬物、野菜それに米である。品数は少ないが、常連客もつき人気を博している。特に野菜は人気が高く、開店と同時に売り切れるほどである。1回の売上高は5万円ほどで重要な収入源となっている。

④ 改善効果

　設備投資額は50万円程度で減価償却費の負担も少なく、利益が出る。それに米部門の固定客となるお客さんも多く、米売上の増加にも寄与している。

[農場に隣接した直売所の長所と短所]

項　目	内　容
立　地	自分の敷地の空場所で出店可能 新たに土地を手配する必要がない
	（短所）農場が主要道路沿いでない場合は立地場所としてはよくない
施　設	自分の思いどおりの設備でよい テント、プレハブ、ロッジ風など
店員の手配	農場の近くなので無人店補でも可 簡易な呼出装置の設置可能 無人でも雰囲気で生産農家の気持ちは伝わる
開店日の設定	毎日開店する必要がない 品物がそろう日だけの開店でも採算を合わせることができる
消費者への訴求	農場のありさまがそのまま消費者への訴求力となり、あらためて店員から説明する必要性は少ない
商品の品ぞろえ	新鮮さはこのうえなし
	（短所）種類と商品点数が少ない

(2) スーパーに勝てる

① 趣　旨

　商品の選択機会が多いことは消費者にとって大変うれしいことであり、それが購買動機につながる。

　近くの食品スーパーに行ってみてほしい。あふれるばかりの品ぞろえである。そして大勢のお客さんで賑わっている。こんなスーパーに直売所が勝てるわけがないと思う。しかしそうはいうものの、よく賑わっている直売所もある。ポイントは何だろうか。農家パワーを最大限に発揮し、スーパーに勝てる直売所づくりをしてほしい。

② ポイント

　農家の直売所もスーパーに負けないほどの店づくりをするよい方法がある。鮮度、商品点数、そして明るい笑顔の対面販売である。季節の品物を山のように並べ、ボリューム感いっぱいの直売所をつくってほしい。

③ 具体例

　G法人は近くの国道沿いに、簡単なプレハブづくりの農産物直売所を開いている。値決めは各農家が行い、店へは一定割合の手数料を支払う委託販売の形式である。店番は農家が時間の都合をつけ、交替で出ることにしている。

　各農家が勝手に品物を持ち込むので種類はそろわないが、商品点数は非常に多くなる。同じ「みょうが」があっちにもこっちにも置いてあり、さながら青果市場の荷捌き場のようである。

④ 改善効果

　商品点数が多くボリューム感いっぱいで、お客さんはそのなかからよいものを選ぼうと、キョロキョロしている。

　また、農家が出て対面販売しているので、お客さんとのやりとりも賑やかで、まるで漫才を聞いているようである。

[スーパーと直売所の商品比較（9月下旬）]

(1) 全体の商品点数では絶対勝てない

区　分	スーパー	直売所
野　菜	121	55
農産加工品	124	39
果　物	62	2
計	307	96

(2) 旬の野菜の商品点数では勝っている

品　種	スーパー	直売所
みょうが	0	8
おくら	1	4
つまみ葉	1	3
赤なんばん	0	3
長いも	1	3
栗	2	3
ね　ぎ	3	3
計	8	27

(3) スーパーに置いていないものもある

いも蔓、しその実、山ぐり、がしら、ウド、みょうが、赤なんばん

(3) こだわり探しをしてみよう

① 趣　旨

　得意先を開拓し、売り込むのは大変なことである。いままでつくることのみに専念してきた人が、急に販売といわれても困惑するだけだ。

　「どうすればうまく話せるだろう」、「どうすればうまく売れるだろう」と心配ばかりが先にたってしまう。しかもこんなことを意識しすぎるとますます販売ができなくなる。

　そこはあまり深く考えず、いままで自分たちが「取り組んできたこと」、「努力してきたこと」、「つらい思いをしてきたこと」などを素直に伝えることを考えてほしい。それが何よりも相手の心を打つ。

② ポイント

　こだわりがなければ消費者の心をとらえることはできない。自分たちで徹底的にこだわり探しをし、これを訴えてほしい。

③ 具体例

　F法人では、販売促進のためにチラシをつくる検討をしていた。何を訴えるか考えた末、自分たちのこだわりは何か探してみることにした。

　そのなかで出てきたのが草刈りの苦労話である。この地区では畦はもちろんのこと、その地続きの道路の際まで、鉄道の線路際まで、さらに河川があるときはその水際まで、きれいに草を刈るのである。たとえその幅が5mあろうと10mあろうと、きれいに刈るのである。

④ 改善効果

　草刈りの苦労はあるが、地域全体が1年中きれいな田園風景に保たれているのに気づいた。その結果、自分たちの米づくりを、消費者に自信をもって訴えることができるようになった。

[こんなにあったわが社のこだわり]

- 作土は最低20cmを心がけている
- 深い所は30cmもある
- 根が十分張れて稲にとってやさしい
- 土壌は粘土質で米がおいしくなる
- 草刈りは徹底している
- 畦には除草剤をまかない
- 30〜32度で低温乾燥している
- 自然乾燥に近い
- 途中休ませて2度乾燥している
- 定温貯蔵している
- モミ貯蔵している
- 上流に人家はなく水がきれい
- 小区画田で表土を大事に取り扱った田んぼである
- 田植後は毎日欠かさず田んぼを回る
- 朝4時に起きて回る
- 全部の田んぼを1枚残らず回っている
- 朝と夕方2度回っている
- そのうち稲のほうから挨拶してくれる

参考文献

『経営分析の考え方・すすめ方』（渋谷武夫著、中央経済社）
『要説 経営分析』（青木茂男著、森山書店）
『体系経営分析』（國弘員人著、ダイヤモンド社）
『建設業 経営事項審査基準の解説』（建設業法研究会編著、大成出版社）
『中小企業実態基本調査に基づく経営・原価指標』（同友館編集部編著、同友館）
『農業経営動向分析結果』（日本政策金融公庫農林水産事業著、日本政策金融公庫農林水産事業）
『法人化塾』（森剛一著、農文協）
『キャッシュフローと損益分岐点の見方。生かし方』（本間建也著、アニモ出版）
『キャッシュフロー経営の実務』（宇角英樹著、オーエス出版社）
『倒産分岐点』（長島俊男著、同友館）
『成長と倒産の法則』（長島俊男著、同友館）
『実践型農業マーケテイング』（平岡豊著、全国農業会議所）
『稲作農業の経営改善100の攻略法』（安達長俊著、全国農業会議所）

金融機関のための
農業経営・分析改善アドバイス

平成25年9月26日　第1刷発行

著　者　安　達　長　俊
発行者　倉　田　　　勲
印刷所　図書印刷株式会社

〒160-8520　東京都新宿区南元町19
発　行　所　一般社団法人 金融財政事情研究会
　　編集部　TEL 03(3355)2251　FAX 03(3357)7416
販　　売　株式会社きんざい
　　販売受付　TEL 03(3358)2891　FAX 03(3358)0037
　　URL http://www.kinzai.jp/

・本書の内容の一部あるいは全部を無断で複写・複製・転訳載すること、および磁気または光記録媒体、コンピュータネットワーク上等へ入力することは、法律で認められた場合を除き、著作者および出版社の権利の侵害となります。
・落丁・乱丁本はお取替えいたします。定価はカバーに表示してあります。

ISBN978-4-322-12365-4